物质文明系列

农业科技史话

A Brief History of
Agricultural Technique in China

李根蟠／著

社会科学文献出版社
SOCIAL SCIENCES ACADEMIC PRESS (CHINA)

图书在版编目（CIP）数据

农业科技史话/李根蟠著.—北京：社会科学文献出
版社，2011.7（2012.8 重印）
（中国史话）
ISBN 978 - 7 - 5097 - 2187 - 2

Ⅰ.①农…　Ⅱ.①李…　Ⅲ.①农业史：技术史 -
中国　Ⅳ.①S - 092

中国版本图书馆 CIP 数据核字（2011）第 111405 号

"十二五" 国家重点出版规划项目

中国史话·物质文明系列

农业科技史话

著　　者/李根蟠

出 版 人/谢寿光
出 版 者/社会科学文献出版社
地　　址/北京市西城区北三环中路甲 29 号院 3 号楼华龙大厦
邮政编码/100029

责任部门/人文科学图书事业部　（010）59367215
电子信箱/renwen@ ssap. cn
责任编辑/陈桂筠
责任校对/张兰春
责任印制/岳　阳
总 经 销/社会科学文献出版社发行部
　　　　　（010）59367081　59367089
读者服务/读者服务中心（010）59367028

印　　装/北京画中画印刷有限公司
开　　本/889mm×1194mm　1/32　印张/6.5
版　　次/2011 年 7 月第 1 版　　字数/121 千字
印　　次/2012 年 8 月第 4 次印刷
书　　号/ISBN 978 - 7 - 5097 - 2187 - 2
定　　价/15.00 元

总 序

中国是一个有着悠久文化历史的古老国度，从传说中的三皇五帝到中华人民共和国的建立，生活在这片土地上的人们从来都没有停止过探寻、创造的脚步。长沙马王堆出土的轻若烟雾、薄如蝉翼的素纱衣向世人昭示着古人在丝绸纺织、制作方面所达到的高度；敦煌莫高窟近五百个洞窟中的两千多尊彩塑雕像和大量的彩绘壁画又向世人显示了古人在雕塑和绘画方面所取得的成绩；还有青铜器、唐三彩、园林建筑、宫殿建筑，以及书法、诗歌、茶道、中医等物质与非物质文化遗产，它们无不向世人展示了中华五千年文化的灿烂与辉煌，展示了中国这一古老国度的魅力与绚烂。这是一份宝贵的遗产，值得我们每一位炎黄子孙珍视。

历史不会永远眷顾任何一个民族或一个国家，当世界进入近代之时，曾经一千多年雄踞世界发展高峰的古老中国，从巅峰跌落。1840 年鸦片战争的炮声打破了清帝国"天朝上国"的迷梦，从此中国沦为被列强宰割的羔羊。一个个不平等条约的签订，不仅使中国大量的白银外流，更使中国的领土一步步被列强侵占，国库亏空，民不聊生。东方古国曾经拥有的辉煌，也随着西方列强坚船利炮的轰击而烟消云散，中国一步步堕入了半殖民地的深渊。不甘屈服的中国人民也由此开始了救国救民、富国图强的抗争之路。从洋务运动到维新变法，从太平天国到辛亥革命，从五四运动到中国共产党领导的新民主主义革命，中国人民屡败屡战，终于认识到了"只有社会主义才能救中国，只有社会主义才能发展中国"这一道理。中国共产党领导中国人民推倒三座大山，建立了新中国，从此饱受屈辱与蹂躏的中国人民站起来了。古老的中国焕发出新的生机与活力，摆脱了任人宰割与欺侮的历史，屹立于世界民族之林。每一位中华儿女应当了解中华民族数千年的文明史，也应当牢记鸦片战争以来一百多年民族屈辱的历史。

当我们步入全球化大潮的 21 世纪，信息技术革命迅猛发展，地区之间的交流壁垒被互联网之类的新兴交流工具所打破，世界的多元性展示在世人面前。世界上任何一个区域都不可避免地存在着两种以上文化的交汇与碰撞，但不可否认的是，近些年来，随着市场经济的大潮，西方文化扑面而来，有些人唯西方为时尚，把民族的传统丢在一边。大批年轻人甚至比西方人还热衷于圣诞节、情人节与洋快餐，对我国各民族的重大节日以及中国历史的基本知识却茫然无知，这是中华民族实现复兴大业中的重大忧患。

中国之所以为中国，中华民族之所以历数千年而不分离，根基就在于五千年来一脉相传的中华文明。如果丢弃了千百年来一脉相承的文化，任凭外来文化随意浸染，很难设想13亿中国人到哪里去寻找民族向心力和凝聚力。在推进社会主义现代化、实现民族复兴的伟大事业中，大力弘扬优秀的中华民族文化和民族精神，弘扬中华文化的爱国主义传统和民族自尊意识，在建设中国特色社会主义的进程中，构建具有中国特色的文化价值体系，光大中华民族的优秀传统文化是一件任重而道远的事业。

当前，我国进入了经济体制深刻变革、社会结构深刻变动、利益格局深刻调整、思想观念深刻变化的新的历史时期。面对新的历史任务和来自各方的新挑战，全党和全国人民都需要学习和把握社会主义核心价值体系，进一步形成全社会共同的理想信念和道德规范，打牢全党全国各族人民团结奋斗的思想道德基础，形成全民族奋发向上的精神力量，这是我们建设社会主义和谐社会的思想保证。中国社会科学院作为国家社会科学研究的机构，有责任为此作出贡献。我们在编写出版《中华文明史话》与《百年中国史话》的基础上，组织院内外各研究领域的专家，融合近年来的最新研究，编辑出版大型历史知识系列丛书——《中国史话》，其目的就在于为广大人民群众尤其是青少年提供一套较为完整、准确地介绍中国历史和传统文化的普及类系列丛书，从而使生活在信息时代的人们尤其是青少年能够了解自己祖先的历史，在东西南北文化的交流中由知己到知彼，善于取人之长补己之短，在中国与世界各国愈来愈深的文化交融中，保持自己的本色与特色，将中华民族自强不息、厚德载物的精神永远发扬下去。

《中国史话》系列丛书首批计 200 种，每种 10 万字左右，主要从政治、经济、文化、军事、哲学、艺术、科技、饮食、服饰、交通、建筑等各个方面介绍了从古至今数千年来中华文明发展和变迁的历史。这些历史不仅展现了中华五千年文化的辉煌，展现了先民的智慧与创造精神，而且展现了中国人民的不屈与抗争精神。我们衷心地希望这套普及历史知识的丛书对广大人民群众进一步了解中华民族的优秀文化传统，增强民族自尊心和自豪感发挥应有的作用，鼓舞广大人民群众特别是新一代的劳动者和建设者在建设中国特色社会主义的道路上不断阔步前进，为我们祖国美好的未来贡献更大的力量。

陈奎元

2011 年 4 月

⊙李根蟠

作者小传

　　李根蟠，男，1940年生，广东新会人。1963年毕业于中山大学历史系，先后在中国农业科学院、中国社会科学院经济研究所工作。研究员，博士生导师，曾任《中国经济史研究》主编，现任中国农业历史学会副会长。长期从事中国经济史研究，尤以农业史、民族经济史用力较勤。著有《中国原始社会经济研究》、《中国南方少数民族原始农业形态》、《中国农业科学技术史稿》（以上合著）、《中国农业史》（独著）等6本专著和100多篇论文。1994年被授予国家有突出贡献中青年专家称号。近年关注生态环境史与农史研究的结合，主持国家社会科学基金重点课题"中国古代农业、农村与农民研究"。

目 录

引言 ……………………………………………………… 1

一 多元交汇 源远流长

——中国农业的起源与发展 ……………… 3

1. 发生的多源和发展的多元 ……………… 3

2. 长城内外：农区与牧区 ……………… 12

3. 淮河南北：旱农与泽农 ……………… 21

4. 从东北到西南：农牧交错 ……………… 35

5. 我国传统农业诸阶段及其农学遗产 ……………… 38

二 海纳百川 品类繁富

——动植物的驯化、引进和利用 ……………… 47

1. 从"五谷"到新大陆高产

粮食作物的引进 ……………… 48

2. 日见兴旺的经济作物家族 ……………… 62

3. 琳琅满目话园圃 ……………… 73

4. "六畜"、家蚕及其他 ……………… 84

三　精巧实用　简而不陋

　　——传统农具的创新与演进 ················ 94

　1. 农具质料的几次重大变革 ············ 94

　2. 耕播整地农具 ···················· 99

　3. 收割加工工具 ···················· 106

　4. 农田灌溉工具 ···················· 109

四　精耕细作　天人相参

　　——中国传统农业科学技术体系 ········ 114

　1. 集约的土地利用方式 ··············· 115

　2. 对"天时"的认识和掌握 ············· 123

　3. 对"土"的认识和土壤环境的改造 ······· 132

　4. 动物生产中对环境的适应与改善 ······· 154

　5. 良种选育与种子处理 ··············· 160

　6. 提高农业生物生产能力的其他途径 ······· 170

　7. 以"三才"理论为核心的农学思想 ········ 176

参考书目 ·························· 185

引　言

说到中华文明，离不开中国的传统农业。

在世界古代文明中，中华文明是唯一起源既早，成就又大，虽有起伏跌宕，却始终没有中断过的一种文明。它的基础正是发达的传统农业。

中国古代农业发生在一个十分广阔的地域内。它跨越寒温热三带，有辽阔的平原和盆地、连绵的高山丘陵、众多的河流湖泊，形成大大小小有相对独立性的地理单元。在各个地理单元内，自然条件也是复杂多样的，既有有利于农业生产的一面，也有不利甚至是严峻的一面。活动于不同地理单元的各民族，基于自然条件和社会传统的多样性而形成相对异质的农业文化。这些文化在经常的交流中相互补充，相互促进，构成多元交汇、博大恢宏的体系。在这样一个农业体系中，中国古代劳动人民的农业实践，无论深度和广度，在古代世界都是无与伦比的。这种丰富的实践，孕育出中国农业科学技术精耕细作的优良传统。它本质上是中国古代人民针对不同自然条件，克服不利因素、发扬有利因素而创造的巧妙的农艺。中国传统农业在发展中虽然遇到过许多困难和挫折，但精耕细作的传统始终没有中断过，而且正是它成为农业生产和整个社会在困难中复苏的重要契机。

以多元交汇、精耕细作为主要特点的中国古代农业，在古代世界中长期处于领先地位，它所具有的强大生命力，正是中华文明得以持续发展的最深厚的根基。

当前，传统农业作为农业发展的一种历史形态，已经落后于时代。用现代科学和现代装备改造我国农业，实现从传统农业向现代农业的过渡，是我国社会主义建设的重要任务。但是，我国农业精耕细作传统中所凝结的我国历代劳动人民对我国自然条件的深刻认识，并没有因为社会制度的变化和物质装备的改进而过时；这种技术以集约经营、提高土地生产率和土地利用率为目标和方向，仍然是符合我国国情的、有深远意义的明智选择。而且，它比较注意农业生产的总体，比较注意适应和利用农业生态系统中农业生物、自然环境等各种因素的相互依存和相互制约，比较符合农业的本性，在一定意义上代表了农业发展的方向。在西方现代农业环境污染、水土流失、能量投入与产业化下降等弊端逐渐暴露的情况下，不少人希望从中国的传统经验中寻找解决问题的途径。可见，在中国农业现代化过程中，精耕细作的优良传统仍然是具有生命力的。

由此看来，无论是研究中华古代文明，还是探索中国农业现代化的道路，都不能不对中国传统农业和传统农业科学技术有所了解。

一　多元交汇　源远流长

——中国农业的起源与发展

精耕细作、天人相参的农业科技体系，是在多元交汇的格局中孕育成长的，而多元交汇正是中国农业起源与发展的重要特点。

发生的多源和发展的多元

（1）食物生产方式的革命。古人说："民以食为天，食以农为本。"农业是以获取食物为主要目的的生产活动，即栽培植物和饲养动物。人类诞生以后长期依靠采猎为生，距今一万年左右才开始栽培植物和饲养动物。如果把人类的历史当作一天，那么，从事农业的历史还不到三分钟！

人类是怎样从采猎经济转向农业经济的呢？

大量调查表明，世界各地近现代尚处于渔猎采集经济阶段的部落，其食物主要依靠采集取得。这些部落通过长期的实践，已积累了丰富的植物学知识，知道哪些植物可以吃，哪些植物有毒不能吃，哪些有毒植物经过处理后仍然可以吃，等等。有些部落已经懂得保护野生植物群落，以便在最适当的季节采集，以致形成某种宗教仪式。处于采猎经济晚期的澳大利亚土著居民，有一片面积数千平方公里的山药采集地，在收获山药的季节要举行欢乐的"山药节"。他们把收获后的薯块顶部放回原来的洞穴里，以便日后再次采收。一些部落还驯养了犬，并熟悉了一些动物的生活习性。农业的发生是从驯化野生动植物开始的，而原始人类长期积累的关于植物和动物的知识，正是这种驯化得以进行的先决条件。由此可见，在狩猎采集经济的晚期已经孕育着农业的萌芽。

当然，这只是农业发生的必要前提。如果没有社会或自然的变化引发采猎经济方式的某种危机，农业还不可能自然地发生。一般来说，人口的增加，原来可供猎取的动物的相对减少，是促进农业发生的主要原因。这种人口压力，或者由于人口的自然增长而产生，或者由于自然环境的某种变化，使动物发生迁移或使人口密集于某些地区。原来的取食方式已不能适应新的需要，最现成的解决办法是利用已有的植物、动物知识发展而成为农业生产。

上面对农业起源的这种描述，实际上还只是一种假设。不过，这种假说，在我国古史传说中已获得一定程度的印证。

在我国古史传说系统中，依次有有巢氏、燧人氏、庖牺氏和神农氏。有巢氏时，人们在树上栖息，采集坚果和其他果实为生。燧人氏发明钻木取火，教人捕鱼为食。庖牺氏发明网罟（音 gǔ，网的一种），领导人们从事大规模的渔猎活动。神农氏是农业的发明者。在这以前，人们吃的是行虫走兽、果菜螺蚌，后来人口增多，食物不足，为此神农氏遍尝百草，备历艰辛，多次中毒，又幸运地找到了解毒的办法，终于选择出可供人类食用的谷物。接着又观察天时地利，创制斧斤（斤亦斧类，它和斧都是砍伐林木的工具）、耒耜（音 lěi sì，两种直插式农具），教导人们种植谷物。于是，农业出现了，医药也随之产生了。在神农氏时，人们还懂得了制陶和纺织。

应该怎样看待这些神话传说呢？显而易见，上述一系列发明，不可能是某位英雄或神仙的恩赐，而是原始人类在长期生产斗争中的集体创造。但在没有文字记载的时代，原始人类的斗争业绩只能通过口耳相传的方式被世代传述着。在这个过程中，它被集中和浓缩，并糅进原始人类的某些愿望和幻想，从而凝结为绚丽多彩的神话式的故事和人物。进入阶级社会以后，人们又往往用后世帝王的形象去改造他们，于是有所谓"三皇五帝"。我们如果剔除这些后加的成分，就可以透过神话的外衣，发现其真实的历史内核。例如有巢氏、燧人氏和庖牺氏，反映了我国原始时代采猎经济由低级向高级依次发展的几个阶段；神农氏则代表了我国农业发生和确立的整个时代。这些都说明，中华民族的祖先是在因人口压力导致采猎经济危机的情况下，为了开辟新的食物来源而发明农业的。

农业的发明是人类食物生产方式的一次革命。在采猎生产方式下，人类只会攫取现成的天然产品，仰赖大自然的恩赐，完全受自然环境的制约。在适宜的条件下，采猎者也能获得丰足的食品，但也只是"饥则求食，饱则弃余"，不可能形成长久的定居，不可能出现稳定的剩余和积累。而没有超越劳动者自身需要的剩余和积累，社会就不可能进一步发展。农业则不然，它通过人类对自然界的干预去增殖天然产品，从消极适应自然转变为积极改造自然。只有从事农业才能摆脱"饥则求食，饱则弃余"的状态，实现长久的定居，获得稳定的剩余和积累。这种剩余和积累，使启动社会进一步发展的伟大杠杆——社会大分工得以发生，使独立的手工业、商业和科学文化事业得以形成和发展，使人类得以摆脱野蛮状态而臻于文明之域。事实证明，农业发明后这一万年人类社会的进步，远远超过以往的几百万年。

（2）"无字地书"觅源头。关于中国农业起源的研究，国外学者倡导的"中华文明西来说"一度颇有影响。根据这种理论，欧亚大陆文明是从西亚起源而向各地辐射的；中国的农业文化也是从西亚传播过来的。大量的考古发现推翻了这种观点，证明中国农业虽受外来影响，但基本上是土生土长，独立起源和发展的。

农业发明于新石器时代，种植业和养畜业的出现成为新石器时代经济生活的主要特征。截止到 20 世纪80 年代中期，我国新石器时代遗址的发现计有 7000 多处，从岭南到漠北、从东海之滨到青藏高原，全国各地都有分布。

黄河流域中下游是新石器时代农业遗址分布最为密集的地区。其中，属于河南中部的裴李岗文化和河北中南部的磁山文化遗址为时最早，距今已有七八千年。种植业是当地居民最重要的生活资料来源，主要作物是俗称谷子的粟。河北武安磁山遗址有88个窖穴堆存了粟，出土时有的尚色泽鲜明，清晰可辨，原储量估计为13万斤。还出土了配套成龙的农具，从砍伐林木和清理耕地的石斧、松土或翻土用的石铲、收割用的石镰，到加工谷物用的石磨盘、石磨棒，一应俱全，且制作精致。采猎业的地位仅次于种植业，人们使用弓箭、鱼镖、网罟等工具渔猎，并采集朴（音pò）树籽、胡桃等供食用。养畜业也已出现，畜禽种类有猪、狗和鸡，可能还有黄牛。人们过着相对定居的生活。这些遗址中往往有地穴式住房，储藏粮食和什物的窖穴，制陶的窑址和公共墓地，构成了定居的农业聚落。与裴李岗、磁山文化年代相当，经济面貌相似的，还有分布于陇东和关中的大地湾文化和分布于陕南汉水上游的李家村文化等。甘肃秦安大地湾遗址发现了已知最早的、距今7000余年的栽培黍的遗存。人们把上述诸文化统称为"前仰韶文化"。黄河流域的农业是在它的基础上发展起来的。继之而来的是著名的仰韶文化，以关中、晋南、豫西为中心，遗址遍布黄河流域，距今7000～5000年，其中有面积几十万平方米的布局整齐的大型定居农业村落遗址。距今5000～4000年的龙山文化时期，黄河流域的农牧业更加发达，大量口小底大、修筑规整的储物窖穴的出土，表明当时已有比较稳定的剩余产品。正是在这个基础上，制石、制骨、制玉、制陶的专业工匠出现，阶级分化相当明显，文明时代的曙光已展现在人们面前。

在山东和江苏北部，与前仰韶文化—仰韶文化—龙山文化约略相当而稍晚的，还有自成体系的北辛文化、大汶口文化和山东龙山文化。这里的居民也种粟、养畜，并从事采猎。大汶口文化中期以后，这里的原始农业发展迅速，跃居于全国的前列。

在黄河上游的甘肃、青海、宁夏等地，在中原地区原始农业的影响下，出现了马家窑文化和齐家文化。它们是仰韶文化和龙山文化的地方变体，其时代稍晚，经济面貌则基本相同，经营着以种植黍粟为主的旱地农业，畜牧业比较发达。

在长城以北的东北、内蒙古、新疆等地，新石器时代遗址也多有发现，绝大部分属于以种植业为主的农牧采猎相结合的经济类型。在辽宁省的中部和东部，已发现距今 7000 多年前的农业遗址。辽河上游距今 5000 多年的红山文化，在农业发展的基础上，正在跨越文明时代的门槛。在另外一些遗址中，渔猎在相当长时期内仍占重要的以至主要的地位。

长江中下游是我国新石器时代农业遗址分布密集的另一地区。在长江下游地区，约与中原仰韶文化时代相当的河姆渡文化，已有颇为发达的原始稻作农业。浙江余姚河姆渡遗址第四文化层，距今将近 7000 年，这里发现了几十厘米厚的大面积稻谷、稻草和稻壳的堆积物，估计原有稻谷24万斤。浙江桐乡罗家角遗址的稻作遗存也十分丰富，时代则更早些。河姆渡文化的主人用水牛或鹿的肩胛骨做成大量骨耜，用于开沟和整地。人们饲养猪狗和北方罕见的水牛。渔猎采集相当发达，人们能够驾着独木舟到较远的水面去捕鱼。采集物中有菱角等水生植物，反映了水乡的特色。住房也和北方地穴半地穴式住宅不同，是一种居住面悬空的干栏式建筑。炊具有独具特色的陶釜。继河姆渡文化以后，经过马家浜文化进入良渚文化（距今5000年前后），长江下游水田稻作农业更加发达，水田整地工具中出现了扁平的舌状石犁，农作物种类更多，又懂得利用苎麻和蚕丝织布。作为礼器的精致的玉制品的出现和明显的阶级分化现象，则标志着文明时代的破晓。

在长江中游的湖北、湖南和四川东部等地，分布着大溪文化和屈家岭文化，约相当于中原仰韶文化晚期和龙山文化早期。这里的居民习用石斧、石锄、石铲等石质农具，从事以稻作为主的农业。由于稻产的丰饶，人们不但利用稻壳作为制陶羼（音 chàn）入料，而且广泛利用稻草稻壳掺和泥土建造墙壁和地基。近年人们在距今9000年的湖南澧县彭头山遗址中，发现了保存在陶片和红烧土中的稻壳，这是我国和世界上迄今最早的栽培稻遗存。

在包括两广、福建、江西的南方地区，新石器时代早期遗址往往发现于洞穴之中。那里的居民仍以采猎为主要谋生手段，但有些地方农业可能已经发生。

如广西桂林甑（音 zèng）皮岩遗址早期文化层，距今已有 9000 年以上，除出土大量采猎工具和采猎遗物外，还发现了国内外已知最早的家猪遗骨，又有粗制的陶片，这些遗物应与定居农业有关。该遗址出土的磨光石斧、石锛（音 bēn）和短柱形石杵，则可能是早期的农业工具。在以后的发展中，部分原始居民在岗地或台地建立村落，从事稻作农业，另一些原始居民则在濒临江湖地区以捕捞为生，同时从事农业。

此外，云南、贵州、西藏和台湾，都发现了距今 4000 年上下以至更早的农业遗址。

从以上考古发现看，中国原始农业具有与世界其他农业起源中心明显不同的特点。在种植业方面，中国北方主要种粟黍，南方主要种水稻，不同于西亚以种植大麦、小麦为主，也不同于中南美洲以种植马铃薯、倭瓜和玉米为主。在畜养业方面，中国最早饲养的畜禽是狗、猪、鸡和水牛，而以猪为主，又是世界上最早养蚕缫（音 sāo）丝的国家，不同于西亚很早就以饲养山羊、绵羊为主，更不同于中南美洲仅知道饲养羊驼。中国的原始农具，如手推足蹠（音 zhí）的翻土工具耒耜，掐割谷穗的收获工具石刀，均别具一格。我国黄河流域中下游和长江流域，在距今七八千年前已有令世人为之惊叹的发达的原始农业，距今 9000 年以上的农业遗址亦有发现。我国农业历史可以追溯到距今 1 万年以上，堪与西亚地区相伯仲（西亚已知最早农业遗址距今 9000 年左右）。由此看来，中国农业决不可能是舶来品，中国是独立发展、自成体系的世界农业起源中心之一。

从世界范围看，农业起源是多中心的（现在公认的世界农业起源的三大中心为西亚、中南美洲和以中国为主的东亚）；就中国范围看，农业的源头也不止一个。我国农业发生在十分广阔的地域内，各地居民在差别很大的自然环境中驯化了不同的动植物，形成了不同的食谱，创立了各具特点的农业文化。以往人们总把黄河流域视为中华民族文化的唯一摇篮，认为我国农业首先发生在黄河流域，然后逐步传播到各地。20 世纪 70 年代，浙江河姆渡发现了比同时代黄河流域粟作农业毫不逊色的稻作农业遗址，而文化面貌迥然相异。这雄辩地证明，长江流域和黄河流域一样是中华农业文化的摇篮。从现有材料看，华南地区农业发生也相当早，但稻作遗存出现较晚。有人根据当地自然条件和有关民族学资料，推断这里的农业可能是从种植薯芋等块根块茎类作物开始的。块根块茎作物富含碳水化合物，而蛋白质和脂肪则相对不足，要靠猎取小动物来补充。所以种植薯芋为主时，采猎总在经济生活中占有重要地位，形成"人—小动物—块茎作物"的膳食结构，不同于"人—粟黍—猪羊"和"人—水稻—鱼类"的膳食结构。由此看来，华南地区农业可能有着不同于黄河流域和长江流域的独立起源。其实，即使是同一作物种植区，农业文化的源头也未必只有一处。例如，同是原始稻作区，长江流域下游和中游的农业就各具特点，同是原始粟作农业区，黄河中游的山西、陕西、河南，黄河下游的山东，北方的辽宁、河北北部等地区农业，也各有特点，其农业起源亦可能各有其相对独立性。

总之，我国的农业既不是从国外引进的，也不是从本国的单一中心起源面向周围辐射的，而是在广阔的地域内的若干地区同时或相继发生的。

在多中心起源的基础上，我国农业在其发展中，基于各地自然条件和社会传统的差异，经过分化和组合，逐步形成不同的农业类型。这些不同类型的农业文化，往往是不同民族集团形成的基础。中国古代农业文化是由这些不同地区、不同民族、不同类型的农业融汇而成，并在它们的相互交流和相互碰撞中向前发展的。这种现象，我们称之为"多元交汇"。

长城内外：农区与牧区

雄伟的万里长城是宇航员在人造卫星上遥观地球所能辨识的两大人工建筑物之一，它是中华民族的骄傲。但你知道长城在中国古代农业史上的地位和意义吗？

我国历史上不同类型的农业文化，可以区分为农耕文化和游牧文化两大系统，并形成大体分开的农区和牧区，长城正是它们之间的主要分界线，它是中原农业民族为了抵御北方游牧民族的侵扰，保卫农耕文明而建造的。

（1）生产结构与生产技术的不同模式。现代研究者发现，长城的分布正好在今日地理区划复种区的北界附近。这并不是一种巧合，它清楚地表明中国古代两大经济区的形成是以自然条件的差异为基础的，并由此形成不同的生产结构和生产技术。

　　长城以南、甘肃青海以东地区，气温和降雨量等都比较适合农耕的要求，可以实行复种（即在同一块地上一年内种收一季以上的作物）。在这里，定居农业民族占统治地位，其生产结构的特点是实行以粮食生产为中心的多种经营。粮食主要为谷物。因而古人说："辟土殖谷为农。"所谓"谷"，泛指带壳的粮食作物。所以中原人又被称为"粒食之民"。但不要以为农区人民只种谷物。事实上，农区的每个经济单位，无论地主或农民，都是既种粮又养畜，并视不同条件各有侧重地栽桑养蚕，种植棉麻、染料、蔬果、油料，樵采捕捞，以至从事农副产品加工。就是种粮也实行多作物、多品种搭配，即所谓"种谷必杂五种"。衣着原料的解决以种植业为基础。棉麻直接来源于种植业，蚕丝生产亦以桑树栽培为前提，是植物性生产与动物性生产、农业生产与手工业生产的结合。农桑并举或耕织结合成为传统小农经济的基本特点之一。我国农区历史上存在过大规模的国营牧业和大牧主，但在广大的农户中，畜牧业是作为副业存在的，战国以来一般没有独立的饲料生产基地，主要饲养猪牛和鸡鸭。它一方面利用部分农副产品（如谷物的秸秆糠秕，蔬菜的残根老叶，粮食油料加工后的糟渣，也包括部分饲料作物）为饲料，另一方面又为农业提供畜力、肥料和部分肉食。由于食物中以粮菜为主，肉类较少，农产品加工备受人们重视。如把瓜菜、果品、鱼肉、蛋类等腌制储存，以备缺乏时，尤其是冬季食用。尤有特色的是利用微生物发酵制作酱、豉、酒、醋等。

在长城以北，横亘着气候干燥寒冷、沙漠草原相间分布的蒙新高原，发展农耕的条件比较差，但却是优良的牧场。在这广阔的舞台上，匈奴、鲜卑、突厥、契丹、女真、蒙古等游牧、半游牧民族相继代兴。他们拥有庞大的畜群，牲畜数动辄以万、十万以至百万计，在茫茫草原上逐水草而居，食畜肉，饮湩（音zhǒng，乳浆）酪（马奶酒）、衣皮革、被毡裘、住穹（音 qióng）庐（毡制帐幕）。畜群是他们的主要生活资料，也是他们的生产资料。他们的畜群以羊为主体，马占有重要地位，还有被农区人视为"奇畜"的驴、骡、骆驼等。狩猎有保护畜群和演习军事的作用，又是生活资料和生产资料的补充来源。以前人们往往以为游牧民族没有种植业，事实并不完全是这样。他们很早就懂得种植黍穄（音 jì，穄亦黍的一种，黏的为黍，不黏的为穄）等，不过种植业比重很小。与游猎相结合的游牧几乎是唯一的衣食之源。

农区和牧区生产技术也有很大的区别。农区种植业逐步形成精耕细作的传统，以后我们还将谈到。畜牧技术也体现了集约经营的原则，较早形成了舍饲与放牧相结合的生产方式，讲究畜舍的布局与卫生，饲料的广辟与加工，喂饲的适时与适量，役使的合理与适度，又有集中精料喂饲，限制畜禽运动以快速育肥等方法，与"精耕细作"的精神一脉相承。牧区的畜牧技术则大异其趣。与游牧生产方式相适应，北方草原牧民强调要使牲畜"遂其天性"，重视对骑乘的训练，注意对牧场的保护和合理利用，动物配种和种间杂交方面也有相当成功的实践，在阉割术和外科技术方面则表现了技术娴熟、方法粗朴的风格，等等。尤为关键的是骑术的发明与应用。游牧经济的特点是移动性，其生产对象为活的畜群，在畜群中又总以羊为主体。为了有效地驾驭庞大的畜群，需要借助骑术。骑术是人与马的结合，这种结合使人能利用马的善跑和灵活，产生巨大的机动能力。骑术的掌握成为大规模游牧经济形成和发展的关键。牧民的农耕方式也有其特点。如有的牧民在农区"借荒"、"寄田"，平时游牧，唯于春秋两季前往播种和收获，自然也谈不上精耕细作了。

（2）农牧区分立对峙局面的形成和演变。我国古代农牧区分立和对峙的局面并非从来如此的。我国各地新石器时代的居民，一部分属于营农民族部落，他们一般以从事种植业为主，农牧采猎相结合；另一些民族部落则仍然停留在采猎经济阶段，游牧民族尚未形成。即使是后来的牧区，情形也是这样。例如"西戎"兴起的甘肃青海地区，匈奴兴起的漠南河套地区，后来成为东胡活动中心的辽河上游，新石器时代都分布着农耕部落。游牧部落出现在我国北部、西部和东部某些地区时，黄河中下游地区已经进入文明时代了。首先强大起来的是活动在甘肃青海地区的游牧、半游牧部落群，被称为"西戎"，他们逐步向中原进逼，迫使周王室把都城由镐（音 Hào，今陕西西安西南）迁到洛邑（今河南洛阳），这就是公元前 770 年有名的平王东迁。从西周中期到春秋，黄河中下游逐渐形成"华（农耕民族）夷（游牧民族）杂处"的局面。华夷之别主要在于农业文化分属不同类型。西戎人的文化是以养羊为主要特征的，他们同华夏族各国打仗都采用步战，说明他们当时还不会骑马。到了战国，随着黄河流域的大规模开发，进入中原的游牧人基本上接受了农耕文明，融合为华夏族的一部分。与此同时，除部分羌人（属西戎一支）仍在甘青活动外，又有以骑马为特征、被称为"胡"的游牧民族在北方崛起。后来，匈奴把北方草原地区的这些原来互不统属的游牧部落统一起来，并与羌人联合，形成威胁中原农业民族政权的强大力量。这样，农耕民族统治区和游牧民族统治区终于在地区上明显地分隔开来。秦始皇把匈奴逐出黄河以南到鄂尔多斯地区和河套以北阴山一带，并修筑万里长城，标志着这种格局被进一步固定下来。

我国农牧分区的格局形成以后，农牧区的界线并非固定不变，在不同时期互有进退。战国秦汉是农区向牧区扩展的重要时期。当时，中原王朝占领了原被游牧民族盘踞的河套平原、河西走廊等地，在这里戍军屯垦，移民充实边郡，兴修水利，推广先进农具和技术，使当地的农牧生产得到很大的发展。在龙门（今陕西韩城）、碣石（今河北昌黎）一线以北和秦长城以南之间，形成了一个广阔的半农半牧带。意义尤为重大的是河西农区的建立，它像一根楔子插进牧区之中，把游牧的匈奴人和羌人分隔开，同时把中原农区和新疆南部分散的农区联结起来。汉代的屯田还深入到羌人活动的河湟地区、西域（今青海新疆一带）和东北的辽河流域。

东汉末年以来，匈奴、羌、氐、羯、鲜卑等原游牧民族纷纷内迁和南下，致使魏晋南北朝出现了与秦汉相反的牧进农退的变化。黄河流域部分农田一度变为牧场和猎场，农业生产在长期战乱中受到严重破坏。不过内迁各族在与汉族接触中或迟或早地接受了农耕文明，并逐步与汉族融合。即使与汉族接触较晚的鲜卑拓跋部，在建立北魏政权的前后，已大力恢复和发展农业生产，主动实行汉化。为了抵御游牧的柔然人的侵扰，他们也学汉人的样子，在今河北赤城至内蒙古五原一线修筑长城，俨然以农耕文明的保卫者自居。这也清楚地表明，长城作为农牧分区的标志，实质不在于区别不同种族，而在于区别不同类型的农业文化。

隋代和初唐是农区和农耕文化再度扩展的时期。这时半农半牧区界线与汉代差别不大，但该区内部农业比重有明显增加。河套、河西农田水利有新的发展。唐代还广泛吸收游牧民族内附，使之逐步向农耕文化靠拢。中唐以后情况有所变化。河陇各地被吐蕃占领，不少耕地转为牧场。宋代，在今宁夏、陕北一带出现了由游牧的党项族建立的西夏王朝。这一时期的牧区文化有向农区浸润之势，但并未改变秦汉以来半农半牧区的基本面貌。唐代以后的又一重要变化，是对中

17

原农区构成威胁的游牧人，主要已不是来自西北，而是来自东北了。起源于东北的契丹、女真、蒙古族相继进入中原，分别建立了辽、金、元王朝。他们的统治使黄河流域农业受到不同程度的破坏，但农区以种植业为主的格局没有改变。蒙古人一度想把汉区农田改为牧场，但很快就认识到不能把游牧生产方式照搬到农区。元世祖忽必烈建立劝农机构，制定劝农条例，组织编写农书，以恢复和发展中原传统农业文化为己任。与此同时，中原农业文化也加速向北方草原伸展，不少农业人口通过各种途径进入东北和蒙古草原。东北地区在女真人统治时期，蒙古草原在蒙古帝国统治时期，农业均有突出的发展。

明清时代，我国农牧区关系进入一个新的关键时期。明代统治区域西部不过嘉峪关，新疆、漠北以至河套地区的大部分为游牧的蒙古人所占据。但由于明政府鼓励垦荒和在西北、东北大规模屯田，明朝辖内的半农半牧区面貌发生了巨大变化，基本转化为单纯的农区，结束了该区长期以来农耕和游牧两种生产方式拉锯式进退的局面。满族入关建立清朝以后，合内地与草原为一家，结束了游牧民族和农业民族长期军事对峙的局面。由于人口激增，耕地吃紧，传统牧区成为人们开辟新耕地的重要方向。东北、内蒙古、新疆、青海等地都由此获得进一步的开发。传统游牧民族统治区中，不少地方转化为农区或半农半牧区。其中，山东、河北、河南等地农民冲破清政府的封锁，川流不息进入东北，与当地满蒙等民族人民一道，把东北开发成近代盛产大豆、高粱的重要农业区，意义尤为重大。清政府又通过有计划的屯田和兴修水利，使新疆天山南北广大地区的农业生产获得很大的发展。

由此可见，在我国历史上的农牧区关系中，农区和农耕文化处于核心和主导地位，总的发展趋势是农区不断扩大，农耕文化不断向牧区伸展。

（3）农耕文化和游牧文化的相互依存。我国历史上的农耕文化和游牧文化虽然形成在地区上分立并峙的局面，在经济上却是相互依存的。农区偏重于种植业，需要从牧区取得牲畜和畜产品，作为其经济的补充。牧区的游牧民族种植业基础薄弱，靠天养畜，牧业的丰歉受自然条件的影响很大，其富余的畜产品固然需要向农区输出，其不足的农产品和手工业品更需要从农区输入，遇到自然灾害时尤其如此。在通常的情况下，两大经济区通过官方的和民间的、合法的和非法的互市和贡赐进行经济联系。从匈奴人到蒙古人，无不热衷于同汉区人做生意。这种交易往往在长城沿线进行。这时，长城这条军事防御线就成为文化交流线。但和平的贸易并不是总能维持的。农区统治者往往把交市作为控制、驾驭游牧民族的一种手段，从而使正常的贸易受到障碍。游牧民族往往处于奴隶制或初期封建制阶段，游牧经济的单一性形成对农区的依赖性，有时以对外掠夺的方式表现出来，对定居农业方式构成威胁。上述情况都可能导致战争。战争造成了巨大的破坏，但加速了各地区各民族农业文化的交流和民族的融合，为正常的经济交流开辟了道路。因而战争又成为两大农业文化区经济交往的特殊方式。农牧区的这种关系，对中国古代政治经济的发展影响极大。我国游牧民族尽管有时把它的势力范围扩展到遥远的西方，但它的活动中心和统治重心，始终放在靠近农耕民族统治区的北境。中原汉族政权和北方草原游牧民族政权之间虽然在历史上打过不少仗，但打来打去还是走到一块，多民族统一国家总的来说是越来越扩大，越来越巩固。这些现象，都可以从两大农业文化区的相互对立和相互依存中找到它最深刻的经济根源。

上面谈到，在我国农牧分区的格局中，农区处于核心和主导地位，农区文化对牧区的影响是不言而喻的，农区工具、技术以至劳力不断输向牧区。另一方面，牧区文化对农区的生产结构和生产技术也产生了不可忽视的影响。例如，由于北方骑马民族的崛起，由于两大农业文化区的对峙，有力地刺激了农区以养马业为基干的官营畜牧业的发展。因为为了对付"飙（音 biāo）举电至"的北方游牧民族强悍的骑兵部队，有必要由国家掌握大量马匹，以便保持一支有迅速应变能力的常备军。汉、唐时期政府养马达几十万匹之多，其规模在世界畜牧史上是空前的。而农区内官营军用大牧业和民营农用小牧业的分化，与农耕区和游牧区的分立一起，构成中国古代农牧关系的两大特点。牧区的畜牧技术对农区也有影响。例如中原的骑术就是从北方草原传入的，战国时赵武灵王"胡服骑射"就是其中的突出事件。农区畜种的改良也往往得力于牧区牲畜品种的传入。

总之，农区和牧区的分立和关联，农耕文化和游牧文化的交流和碰撞，是我国古代农业史的主线之一。

 ## 淮河南北：旱农与泽农

在农区内部，也存在不同的农业类型。例如在濒临湖海江河的某些地方形成以捕鱼为主的类型，在林木丰茂的某些山区形成以采伐为主的类型。但最主要的则是旱作农业（旱农）和水田农业（泽农），并大体以淮河秦岭为界形成北方旱农区和南方泽农区。两者虽然都实行以粮食生产为中心的多种经营，都属农耕文化范畴，并且都形成精耕细作的农业技术体系，但自然条件各异，开发进程不同，具体生产内容、水土利用方式和农业技术体系均有较大差别。

（1）开发进程与农业优势的南北易位。淮河秦岭以北的黄河流域属温带干凉气候类型，年降水量400～750毫米，集中于高温的夏秋之际，有利于作物生长。不过降水量受季风进退的严重影响，年变率很大，黄河又容易泛滥，因此经常是冬春苦旱、夏秋患涝，尤以干旱为农业生产的主要威胁。黄河流域绝大部分地区覆盖着黄土，平原开阔，土层深厚，土质疏松，林木较稀，用比较简陋的工具也能垦耕。但平原坡降小，地下水位高，泄水不畅，内涝盐碱比较严重，上古尤其如此。这种自然条件，使黄河流域最早被大规模开发，并长期成为我国经济和政治的重心。

根据目前考古材料，黄河流域农业最早发生在太行山东麓（磁山文化）、伏牛山、熊耳山、嵩山山麓（裴李岗文化）、秦岭两侧及北山山系前沿（老官台文化）和泰沂山麓（北辛文化），逐步向海拔较低的地区扩展。至龙山文化时期，西至黄河上游，东到华北大平原南部、西部和中部，都有农业遗址。虞夏至春秋，人们在开发低平地区过程中修建了农田沟洫（音 xù）体系，种植业在农业中的主导地位更加巩固。不过，当时农田垦辟毕竟有限，耕地主要集中在若干都邑近郊，稍远一点就是荒野，未经垦辟的山林川泽尚多，而国与国之间存在大片的荒地。因此，当时畜牧业有较大发展地盘，并出现先秦时代特有的，以对山林川泽自然资源保护利用为内容和特点的生产活动——"虞衡"。也正是这种情况，使游牧民族穿插活动其间成为可能。

历经战国秦汉，铁器牛耕的推广导致黄河流域农业的新飞跃。农业生产获得全方位的发展，北方旱地精耕细作体系亦告形成。土地垦辟大大加快，以前难以利用的盐碱荒滩、丘陵瘠地被垦为良田。黄河中下游农区基本上连成一片，改变了以前星点式或斑块式分布的状况。关中盆地、汾涑平原、黄河下游平原南部是当时先进农业区，黄河下游平原的北部和东部仍较荒凉。东汉末年以后，黄河流域长期战乱，后来一些内迁的原北方游牧民族相继在中原建立割据政权，农业生产受到严重破坏，但农业工具仍在发展，精耕细作传统没有中断，且更趋完善。各地区各民族农业文化交流在特殊条件下加速进行，华北大平原北部和东部也获得进一步开发，黄河下游各地发展更趋平衡。这样，经过北魏以来的恢复，迎来了隋唐的统一，黄河流域农业又获得迅猛发展，继续保持在全国的领先地位。

在淮河秦岭以南的长江中下游地区及其南境，基本上属于亚热带和暖温带气候类型，雨量充沛，河湖密布，水源充足，资源丰富。但雨量亦受季风进退影响，有些河流容易泛滥，旱涝不时发生。河流两旁往往有肥沃的冲积带，是理想的农耕区，但缺乏华北那样广袤的平原，山地丘陵多为酸性淋溶土，适耕性较差，山多林密、水面广、洼地多，也给大规模开发带来许多困难和问题。

如前所述，我国南方农业起源是相当早的。长江下游等地距今7000年已有足以与黄河流域相媲美的发达的稻作农业。在华南，最迟距今四五千年，一些河流两旁的台地遗址已以种植水稻为主了。从各地具有大致相同的农业类型看，原始社会晚期南方已大体形成以水田稻作为主的农业区。在这以后相当长的一段时期内，南方农业仍然是与黄河流域并驾齐驱的。在北方骑马民族崛起以前，南方稻作文化集团（苗蛮、淮夷、于越等）是与中原粟作文化集团（华夏族）相抗衡的重要力量。春秋时南方民族所建立的吴、越、楚、蜀等国，农业发达，多所建树。他们最早发展了农田灌溉，最早实行犁耕，最早或较早发明冶铁炼钢术，等等。所有这些，后来都在黄河流域的农业发展中结出了硕果。这时还很难说南方农业比北方落后。

进入战国以后，差距拉开了。当黄河流域因铁器牛耕的推广获得大规模开发的时候，南方铁器牛耕的推广程度远远落后于黄河流域，农业开发仍然局限于若干较小的范围内，呈星点式或斑块式分布。秦汉时代江南以地广人稀著称。汉平帝元始二年（公元2年），黄河流域中下游的河南、山东、山西、河北、陕西五省共有人口2800多万，占全国总人口的2/3，而面积数倍于它的中南和东南江苏、浙江、福建、江西、湖北、湖南、广东、广西八省，人口才68万余人，仅占全国总人口的1/10强。人口这样稀少，自然不可能有真正大规模的开发。由于地旷人稀，耕作相当粗放，许多水田长期采取"火耕水耨"的方式，旱地则多行刀耕火种。而黄河流域这时已形成精耕细作的旱地农业技术了。

造成这种状况的根本原因，应从自然环境与生产力发展的相互关系中去寻找。上面谈到，南方的自然条件对农业开发有有利的一面，也有不利的一面。当较易开发的地区开发得差不多的时候，农业要再上一个台阶，由星点式或斑块式开发进到大规模连片开发，比起黄河流域，南方需要劳动力和生产资料等要素积累到更高的程度。当这些条件（主要是大量劳动力和铁器牛耕的普及）尚未具备时，农业发展便会呈现相对停滞状态。南方气候湿热，时有瘴疫流行，威胁人们的健康，影响劳动力的再生产。又由于天然食品库的丰裕，人们可以较多地依赖采集捕捞取得生活资料，不愁衣食，也延缓了人们发展农业所做的努力。

以上情况，东汉末年以来有了改变。苦于长期战乱的中原人陆续大量迁移到他们原来视为畏途的南方，使这里进一步开发所最需要的劳动力有了明显增加，成为当地农业"起飞"的直接启动力。由于这里局势相对安定，往往能在较长时期内"无风尘之警"，水利兴修和农田垦辟在持续进行，位处长江下游的江南地区尤为突出。不过，这一时期江南的开发主要集中在太湖以西的会稽（今浙江绍兴）、建康（今江苏南京）、丹阳（今江苏江宁县东南）、长兴（今浙江湖州）等地。南朝时，这里已是"良畴美柘，畦畎（音quǎn）相望"，"一岁或稔（音rěn，丰收），数郡忘饥"了。唐初，江南的稻米已北运洛阳等地。隋唐的统一，促进了江南人口的迅速增长，农田水利也以前所未有的速度发展，无论数量、分布地区、规模和技术水平均大大超过前代。当时的纳税田，大抵都能灌溉。大量荒地被垦辟，牛耕也获得了普及。北方经济在隋代和初唐虽有发展，但在安史之乱中和安史之乱后的藩镇割据中受到严重破坏，以后又有女真人和蒙古人的进入，一而再、再而三地摧残，使黄河流域农业发展步履维艰，而南方农业却在继续迅速发展。中唐以后，江南所产粮食和提供的赋税，已成为唐帝国财政命脉所寄。全国经济重心开始从黄河流域转移到南方。到了宋代，这种局面获得巩固。宋徽宗崇宁元年（1102 年），黄河中下游五省人口 2400 多万，占全国总人口 30% 弱，东南八省人口 4000 余万，占全国总人口的一半左右。北宋末年以来，再次出现人口南迁高潮。元初,全国有 4/5 人口挤在秦淮以南、云贵以东的东南一隅。政府为了从江南获取大量粮食和其他物资的供应,修建了贯通南北的京杭大运河,它标志着我国经济重心的彻底转移。经济重心的南移是我国经济史上一件大事,它是以南方农业对北方农业的历史性超越为基础的。

到了明代,才扭转了黄河流域农业的下降趋势,黄河下游及其旧河道两侧的冲积平原再度成为粮食高产区。但总的来看,北方落后于南方的状况没有改变。

(2)水土利用方式的南北差异。自然条件还决定了黄河流域的农业是从种植耐旱的黍稷开始,灌溉出现比较晚,一直以旱作为主。

从古史传说和民族学的例证看,我国原始农业很可能是从利用山地和山前林地开始实行刀耕火种的。黄河流域原始农业遗址一般发现在黄河支流两岸的台地上,这表明当时人们经营的是旱地农业,而不是依靠黄河泛滥的灌溉农业。

从原始社会末期开始,黄河流域居民逐步向比较低平的地区发展农业。这些地区土壤比较湿润,可以缓解干旱的威胁,但却面临一系列新问题。上文谈到,黄河流域降雨集中,河流容易泛滥,排水不畅,尤其黄河中下游平原由浅海淤成,沼泽沮洳(音 jù rù,低湿地)多,地下水位高,内涝盐碱相当严重。要在黄河流域发展低地农业,首先要排水洗碱,农田沟洫体系由此应运而生。所谓沟洫是指纵横交错的排水沟。先秦有一本叫《周礼》的书,是战国时人掇拾西周以来的文教制度加以理想化编排而成的。书里记载了完整的农田沟洫系统。沟洫名称，从田间小沟——畎开始，以下依次叫遂、沟、洫、浍（音 kuài），逐级加宽加深，最后通于河川。与沟洫系统相配合的有相应的道路系统。沟洫和道路把田野划分为一块块面积为百亩的方田，用来分配给农民作份地，这就是井田制。《周礼》设计的这种沟洫显然是用于排水，而不是用于灌溉的。它虽然经过了理想化和整齐化，但确实是以上古时代曾经存在的沟洫制度为原型的。相传夏禹治水的主要工作之一就是修建农田沟洫，把田间积水排到川泽中去，在这基础上恢复和发展低地农业。商周时也很重视这一工作，当时常常"疆理"土地，即划分井田疆界，它包含了修理农田沟洫体系的内容在内，每年还要检查维修。我国上古农田称为"畎亩"，也是农田沟洫普遍存在的反映。畎（田间小沟）是沟洫系统的基础，修畎时把挖出的土堆到田面上，形成一条条长垄，就叫做"亩"，庄稼就种在亩上。"畎亩"是当时农田的基本形式，故成为农田代称。畎亩农田适于种植黍稷等旱作物。因此，这是一种垄作形式的旱作农业，而不是灌溉农业。

春秋战国以前，农田灌溉在黄河流域已经出现。如据《诗经·白华》记载，西周时曾引西安西南的滮（音 biāo）池水来灌溉稻田。但这些都是零星散在的，农田水利的重点始终在防洪排涝的沟洫工程。进入战国，由于农田内涝积水状况在长期耕作过程中有了相当程度的改变，耕地也因铁器牛耕的推广扩展到更大的范围，农业生产中干旱的威胁再度突出，发展农田灌溉成为迫切需要。同时，铁器的使用和工具的改进又为大规模农田水利建设提供了物质基础。铁锸（音chā，锹）成为最常用的兴修水利的工具，汉代还出现用于水利工程中开沟的特大铁犁——浚犁。黄河流域大型农田灌溉工程的兴建是从战国开始的，最著名的是魏国西门豹和史起在河内（今河南北部及河北西南隅）相继兴修和改进的漳水十二渠，秦国在关中平原北部建造的郑国渠，使数以万顷计的"斥卤"（盐碱地）变成亩产一钟（六石四斗）的良田，后者还直接奠定了秦灭六国的经济基础。秦汉统一后，尤其是汉武帝时代，掀起了农田水利建设的新高潮，京城所在的关中地区尤为重点，从而使关中成为当时的首富之区。汉代还在河套地区和河西走廊等地发展大规模农田水利。曹魏时，海河流域和淮河流域水利开发有较大进展。总之，我国华北地区农田水利的基础在汉魏时代已经奠定了，它对黄河流域农业的发展起了很大促进作用。

随着农田灌溉的发展，出现了新的农田形式——畦。畦是周围有高出田面的田塍（音 chéng）的田区。这种农田形式在种植蔬菜而经常需要灌溉的园圃中首先被采用。水稻也实行畦种。随着牛耕的普及，平翻低畦的农田终于取代了畎亩结构的农田，成为黄河流域主要农田形式。这种农田形式便于在有条件的地方实行灌溉。

黄河流域农田灌溉的出现和发展，与南方农田灌溉技术的传播有关。黄河下游与吴楚接壤的郑国，春秋时可能已有灌溉工程。战国时郑灭于韩，其东部沃壤尽入于魏。战国时黄河流域最早的大型农田灌溉工程漳水十二渠和兼有灌溉和运输之利的大型运河鸿沟，均出现在魏国，而修建战国时最大渠灌工程郑国渠的主持人，则是韩国的水工郑国。不过黄河流域的居民并非照搬南方稻作区的做法，而是根据自己的条件和经验创造性地加以发展。例如，他们在平原和盆地发展大规模渠系工程，战国以来黄河流域的大型水利基本上都属于这种类型。他们又往往利用黄土地区河流含沙量大的特点，采取放淤和淤灌的办法，用以肥田和改良盐碱地。战国以来，曾相当普遍地利用这种方法开发河滩荒地。西汉贾让曾对此总结说：如果开渠灌溉，把盐碱下湿地填淤加肥，过去种禾麦的改种粳稻，高地可增产五倍，低地可增产十倍。北宋王安石变法时也曾在黄河流域大规模放淤压碱。这种采用工程手段有计划进行的淤灌，既不同于古埃及利用尼罗河泛滥来淤地，也不同于我国南方的稻田灌溉。

还应指出，秦汉以后黄河流域农田灌溉虽有发展，但由于水资源的限制，能灌溉的农田毕竟是少数，旱作仍然是华北农业的主体。据北魏《齐民要术》记载，除水稻和园圃外，大田很少有灌溉设施，黄河流域的防旱保墒问题很大程度上是靠土壤耕作措施来解决的。唐宋以后，黄河流域农田水利进展不大。

我国南方地区很早就种植水稻，因此农田灌溉很早就已出现。因为种水稻要有起码的灌溉条件和排灌设施。在水田稻作农业的发展中，形成了两种基本的水土利用方式：一种是在丘陵和一般的平野以陂塘蓄水灌溉为主；另一种是在低洼地区或湖海滩地以筑堤挡水护田为主。现分别做简要介绍。

图 1　陂塘

陂塘灌溉（见图 1）始于何时已难确切考证，但已知最早的大型陂塘是建于公元前 605 年以前楚国的期思陂，比漳水十二渠早 200 多年，是中国最早的大型农田灌溉水利工程。这当然是经过长期发展的结果。大约春秋时，期思（今河南固始县西）——雩（音 yú）娄（固始县东南）地区早就存在众多的用于灌溉的陂塘，后在楚相孙叔敖主持下，开凿人工渠道，把史河和灌河水引入这些陂塘，以灌溉史河灌河之间的农田。半个世纪以后，楚国司马蒍掩在一次全国性的土地调查和规划中，就有修建陂塘灌溉平野农田的项目。战国时，楚国又出现了大型灌溉工程芍（音 què）陂。文献记载和出土文物显示，汉代陂塘遍布长江流域、汉水流域和淮河流域，除引水灌溉稻田外，还用它养殖鱼类和种植水生植物，是我国南方最主要的水土利用方式。

对湖滩洼地的利用包含着与水争田的意义。趁枯水季节在湖滩地抢种一季庄稼，这是较原始的方式，但仍不免受水的威胁。进而筑堤挡水，把湖水限制在一定范围，或把部分湖水排干，安全较有保证，这种湖滩地就成了湖田。更进一步，筑堤把一大片低洼沼泽地圈围起来，外以捍水，内以护田，堤上设闸排灌，配合龙骨水车的使用，就可以做到旱涝保收。这种田叫围田或圩田（见图2），较小的又称为柜田或坝田。湖田和圩田是长江中下游人民与水争田的主要形式。春

图2 围田

秋时期的吴、越已在太湖流域围田。虽然秦汉六朝隋唐也在不断发展，但很长时期内低洼地的围垦是分散进行的。由于围田的逐渐密集和连片，蓄洪排涝成为突出问题。中唐以后，唐官府为保证财赋的供给，在太湖地区广兴屯田，疏浚沟渎。五代时，吴越国进一步修建捍海石塘、出海干河，形成"五里七里一纵浦，七里十里一横塘"的塘浦圩田体系。这里的塘浦是指与大河连通的蓄洪排涝的沟渎。太湖流域塘浦圩田体系的形成，使江南成为农业生产发达的全国首富之区，奠定了全国经济重心转移的重要物质基础。宋代，太湖流域围田又有进一步发展。诗人吟咏说："周遭圩岸绕金城，一眼圩田翠不分"，"不知圩里田多少，直到峰根不见塍"。民间则出现了"苏（苏州）湖（湖州）熟，天下足"的谣谚。长江中游的江汉平原和洞庭湖区也是河湖交错的水乡泽国。人们在江侧湖畔筑起捍水堤防，环护田庐，垦辟滩涂，称为垸（音 yuàn）

田，实际上是圩田的一种地方类型。该地区垸田出现颇早，但大发展是在明清时期，尤其是在清代。垸田土壤肥沃，一年两收，是当地最丰饶的耕地。江汉平原、洞庭湖区加上荆襄山区的开发，使湖广成为继江南地区以后最重要的商品粮基地。由于明清时代江南地区相当一部分耕地转向蚕桑和植棉，致使粮食由输出变成输入，从明末开始，"苏湖熟，天下足"已被"湖广熟，天下足"所取代。

图3 涂田

与水争田除了围湖以外还可以围海。濒海地区有所谓"涂田"。办法是在滩涂地筑堤坝或树桩榍，以抵御海潮的泛溢；地边开沟（称"甜水沟"）蓄雨潦，供灌溉和排盐用。一般先种耐盐的水稗，待土地盐分减少后再种庄稼，收成可以高出常田10倍（见图3）。围垦濒海滩涂起源也很早，不过宋以前垦殖的多为后海滨滩地，宋元及以后则向前海滨滩地推进。涂田主要分布在福建、江浙一带，各地也有不同称呼。广东珠江三角洲，人们把沿江濒海由泥沙淤积起来的浮生沙坦围筑成的田称沙田，实际也属于涂田范围。珠江三角洲的围垦始于宋代，盛于明清，逐步发展成为全国重要农业区。

江湖中生长的葵草（菰），日久淤泥盘结根部，形

32

成浮泛于水面的天然土地，人们植禾蔬于其上，是为葑（音 fèng）田。再进一步，架筏铺泥，就成为人工水上耕地——架田。我国的葑田，先秦时代始见端倪，唐宋时已有架田的明确记载。这是我国南方人民的巧妙创造，但不大普遍，在农业生产中不占重要地位。

水田稻作农业是我国南方农业的主要类型，但不是唯一的类型。有迹象表明，我国南方农业也是从利用山地开始的。传说越族的先祖就曾"随陆陵而耕种"。水田稻作农业出现后，山地杂粮栽培农业依然存在，只是不占主导地位罢了。山地种植的杂粮有粟、陆稻、稗、麻、豆类等。在很长时期内仍在不同程度上保留了刀耕火种的习惯。如西汉桓谭《盐铁论》中谈到南方生产时，就把"伐木树谷"、"焚莱播粟"和"火耕水耨"并提。唐宋以来，随着人口增加，上山烧荒的人越来越多。这种保留刀耕火种习惯的山田称畲（音 shē）田。明清时代，尤其是清代，在人口激增的形势下，更有大批贫苦农民涌向内地省际荒僻的山区，他们也往往用刀耕火种开路。耕地面积虽然扩大，对森林资源的破坏却比较严重。

在长期开发山田的实践中，也创造了一些比较合理地利用水土资源的方式，梯田就是其中之一。梯田是在丘陵山区的坡地上逐级筑坝平土，修成若干上下相接、形如阶梯的半月形田块，有水源的可自流灌溉种水稻，无水源的种旱作物也能御旱保收（见图4）。梯田起源较早。在西南，汉代四川可以种稻的"山原田"，唐代云南少数民族修筑精好的、可引源泉灌溉的

图4　梯田

山田,均系梯田。在东南,梯田起源于何时尚难说清。但有一点是清楚的,这就是由于宋代南方人口的迅速增长,需要扩充水稻种植范围,使梯田在东南丘陵山区获得较大发展。"梯田"之称也是起于这个时候。梯田一般有相应的水利设施,或导引溪泉,或修筑陂塘。宋以前的陂塘一般布设在山前冲积扇或山间盆地的上端,工程规模较大,主要作用是调蓄山洪,灌溉广大平野。宋元时期,随着丘陵山区梯田的兴建,塘坝工程相应从山前推向腹里,并趋于小型化,灌田数十亩到数百顷不等。高于陂塘的梯田,亦可用踏车或筒车提灌。有些地方还利用梯田蓄水养鱼。

不同的种植制度也反映了不同的土地利用方式和土地利用的程度。在这方面,华北和南方也有明显差异。华北虽然较早从休闲制进入连种制,较早出现复种的萌芽,但复种制发展步履缓慢。在很长时期内,华北耕作制度是以丰富多彩的轮作倒茬为特色的。南方轮作倒茬出现较晚,在相当长时期内实行水稻休闲耕作或连作,但多熟种植出现较早,并比北方更快获得发展,由此带动了一系列的技术进步,从而使南方水田精耕细作体系具有不同于北方的明显特点。如育秧移栽在这个体系中占有关键的地位，土壤耕作有不同于北方旱作的任务和要求，水浆管理颇为讲究，施肥受到高度重视，育种中早熟稻的培育、引进和推广有着重要意义等。有关具体内容，在后面的章节中还将谈到。

总之，无论北方的旱农还是南方的泽农，其生产结构、水土利用方式和生产技术，都自成体系，又是在多种农业文化的交流和融汇中形成和发展的。这两种类型的农业地区的形成、发展和相互关系，以及它们在全国农业中所占地位的消长，构成中国古代农业史的又一主要线索。

从东北到西南：农牧交错

游牧民族统治地区的情形也并非千篇一律。严格意义上的游牧区只有蒙新高原，东北和新疆都有营农民族和渔猎民族的分布。甘青地区的氐羌各族以游牧为主，也种植稞麦。大抵羌族经济偏于游牧，氐族经济偏于种植。我国西南部，包括四川、云南、贵州、西藏等地，原是农耕民族与游牧民族错杂并存的地区。如果加上上文谈到的半农半牧区，则从东北到西南构成一条两头大中间小的农牧交错地带。这一带农牧经济的发展同样显示了多元交汇的特点。

例如东北存在着以游牧民族为主的东胡族系、以农耕为主的涉（音 wèi）貊（音 mò）族系和以渔猎为主的肃慎族系。这些民族彼此斗争、相互渗透，并与中原汉族和大漠南北的游牧民族彼此斗争、相互渗透。本区农业生产就在这一过程中曲折地发展。宋、元、明时期相继崛起于白山黑水之间的女真族——满族的农业，既包含了肃慎族系的传统，又受到东胡系统、原涉貊系统各族以及汉族的影响，形成以种植业为主，农牧采猎相结合的经济。清代，汉人大量进入东北，东北成为重要新兴农业区。但直到近代，渊源于肃慎族系的若干民族，如赫哲、鄂伦春、鄂温克等族仍过着以渔猎为主的生活。

汉魏时代的新疆，大抵以天山为界，北疆与蒙古草原相连通，是匈奴、乌孙、丁零等族的游牧地，南疆则多为有城郭田庐的"城国"。这些"城国"是以绿洲农业为基础或依托的。新疆地处内陆，气候十分干燥，雨水十分稀缺，没有灌溉，农业就不可能存在。农业只能在依靠暖季高山融雪和低山降雨汇流成河所浸润淤积而成的绿洲中发展起来，并由河岸低洼地向高阶地发展，由河流下游向上游发展。新疆农业显然有独立于黄河流域旱地农业的起源。在新疆农牧业的发展中，既受到中原文化的影响，又受到西亚文化的影响，新疆各族也相互影响。自汉魏以来，随着中原王朝对西域的经营，农耕文化在新疆有很大扩展，不少游牧民转化为定居的农人。近代新疆主要民族之一的维吾尔族，就是游牧的回纥人西迁后与当地土著居民以及汉族移民等融合而成，其经济也体现了多种农业文化因素的汇合，以经营绿洲农业为主，种植小麦、玉米、水稻、棉花等，盛产瓜果，以饲养牛羊为主的畜牧业也比较发达。同时，直到近代，也仍然有游牧民族（如哈萨克、柯尔克孜、蒙古族等）与定居农业民族杂处共存。

西南地区自然条件复杂，民族众多，其农业文化呈多样性和发展不平衡的特点。

最先发展起来的是巴蜀地区。巴蜀本属南夷，商周时期这里已有发达的青铜文化。古蜀国人很早就在成都平原开辟耕地，兴修水利，春秋中期的鳖灵治水成为后来都江堰工程的基础。巴蜀是最早植茶的民族。春秋战国时巴蜀的农业已颇发达。秦并巴蜀后设置铁官，蜀卓氏等也在四川发展冶铁业。秦国又在古蜀国治水的基础上修建都江堰，使成都平原成为不忧水旱的"天府之国"。巴蜀农业属稻作农业系统。从出土的汉代图像材料看，当时四川水稻生产已采用插秧、施肥、灌溉、耘耨等先进技术，并利用稻田养鱼。汉代政府往往利用巴蜀粮食赈济关东饥民。蚕桑、茶叶、水果生产也很发达。四川农区是当时南方最富庶地区，在经济上它与关中农区紧密相连，成为秦汉帝国的重要粮仓和经略西南夷地区的基地。秦汉时代巴蜀农业虽然吸收了中原农业文化的因素，但显然是在自身基础上发展起来的。以后的历朝历代，四川始终保持了重要农业区的地位。

四川南部的云贵各族，汉代称"西南夷"，名目繁复，但从其农业类型看，可归并为两类：一类民族梳发髻，从事定居农业，属百越系统，如"滇"人在滇池附近开辟了稻田，使用青铜农具，尚处于锄耕阶段；

另一类民族编发辫，从事游牧业，属氐羌系统，如滇西的"昆明"人。汉朝在西南夷地区设置郡县，铁器牛耕逐步推广。唐宋时本区出现以彝族和白族先民为主体的地方割据政权——南诏和大理。种植业已成为主要部门，但养马业也相当发达。部分昆明人转入高山游牧，其后裔有的到明代仍保持这种习惯。元代，云贵地区重新纳入统一帝国版图。元、明、清三代，云贵地区屯垦持续发展，农区从腹地向边区，从平坝向山区扩展。但直到清代，云贵畜牧业仍相当繁盛，并产生春夏在高山放牧，秋冬在收割后的草田放牧的畜牧方式，这大概是从游牧向农耕过渡中出现的一种形态；而随着坝区农业的发展，放牧区逐渐向山坡以至深山转移。利用草山草坡放牧的畜牧业则一直延续到当代。多种农业形态并存、立体分布，直到近代仍是本区农业的显著特点。

我国传统农业诸阶段及其农学遗产

流行的农史分期法把人类社会的农业发展划分为原始农业、传统农业和近现代农业三种依次演进的农业历史形态。生产工具以石质或木质为主，广泛使用砍伐工具，刀耕火种，实行撂荒耕作制，这是原始农业生产方式的特点。传统农业以使用畜力牵引或人工操作的金属农具为标志，生产技术建立在直观经验积累的基础上，其典型形态是铁犁牛耕。近现代农业则是用机械化设备和近现代科学技术装备起来的、实行社会化生产的农业。在我国，原始农业时期开始于距今1万年左右，延续至距今4000多年的龙山文化时期。到了龙山文化中晚期，即古史传说中的尧舜禹时代，我国逐步跨入文明时代，形成奴隶制国家，原始农业也让位于传统农业。从那时到清代，我国传统农业大体经历了以下4个阶段：

（1）第一阶段：虞、夏、商、西周、春秋。这是我国考古学上的青铜时代。青铜工具在农业生产上获得日益广泛的使用，但木质耒耜仍是主要耕播工具。普遍实行以两人为一组简单协作的"耦耕"。休闲制已逐步取代撂（音 liào）荒制。黄河流域在开发低平地区的过程中创造了沟洫农田，在这个基础上实行垄作、条播、中耕，包含着精耕细作技术的萌芽。耒耜、沟洫、井田三位一体，构成我国上古农业与上古文明的重要特点。种植业占主导地位，黄河流域主要作物为粟黍；专业园圃出现；农田开发仍呈斑点状；畜牧和"虞衡"在农业中占较大比重；游牧半游牧民族进入中原，"华夷杂处"。黄河流域农业最为先进，但长江流域的巴蜀、荆楚、吴、越农业也颇发达。

（2）第二阶段：战国、秦、汉、魏晋南北朝。黄河流域是这一时期全国经济重心所在。这一时期传统农具从质料、形制到使用的动力均有很大进步。铁犁牛耕在黄河流域获得推广，金属农具取代了木石耕具；旱地精耕细作农具基本配套。耧车、风车、石转磨、水碓等重大创造相继出现。黄河流域获得全面开发，大型农田灌溉工程相继兴建。连种制代替休闲制成为主要种植制度，轮作倒茬方式丰富多彩。以防旱保墒为中心，形成耕—耙—耢—压—锄相结合的旱地耕作体系。出现了代田法和区田法等特殊抗旱丰产栽培法。施肥改土开始受到重视。我国传统品种选育技术基本形成。农业生物之间相生相克关系得到巧妙利用。总之，我国精耕细作农业技术体系已经成型。粮食作物、经济作物、园艺作物、林业、畜牧、蚕桑、渔业等均有全方位的发展。北方骑马民族崛起，农牧分区格局形成。战国以后，南方农业处于地旷人稀、火耕水耨状态，与黄河流域拉开了差距，这种情况魏晋南北朝时期逐步改变，南方农业酝酿着新的跃进。

我国古代的农家学派和农书均始见于战国时代。成书于公元前 239 年的《吕氏春秋》中，有《任地》、《辩土》、《审时》等篇，是我国现存最早的一组农学论文，对先秦时代（主要是战国以前）的农业生产技术作了光辉的总结，成为我国精耕细作农学的奠基之作。汉代，农书中最重要的是《氾（音 Fán）胜之书》和《四民月令》，两书均已散佚，现在只有后人的辑佚本。6 世纪贾思勰（音 xié）所著《齐民要术》，是我国现存最早最完善的综合性农书。其内容包括粮食、油料、染料、饲料、蔬菜、果树、林木的种植，蚕桑、畜牧、养鱼和农副产品的加工贮存，以及烹调，等等。作者广泛收集了历史文献和农谚中的有关资料，向老农和有经验的知识分子请教，并以自己的观察和试验来检验前人和今人的经验和结论，对两汉以来黄河流域的农业生产技术作了最为系统而精彩的总结，标志着我国北方旱地精耕细作技术体系的成熟。此后 1000 多年，我国北方旱作技术的发展始终没有超越它所指出的方向和范围，其中许多科学原理至今仍然有效。

（3）第三阶段：隋、唐、宋、辽、金、元。这一时期最突出的现象是建立在南方农业对北方农业历史性超越基础上的全国经济重心的南移。传统农具又获得辉煌的发展。"灌钢"技术的流行提高了铁农具的质量。曲辕犁的出现标志着我国传统犁臻于完善。与南方水田农业发展有关的灌溉农具有突出的发展。安史之乱后，南方人口不断增加，农田水利蓬勃发展，掀起与山争地、与水争田的浪潮，圩田、涂田、沙田、架田、梯田等土地利用形式获得推广。育秧移栽在南方水田栽培中得到普及。耕—耙—耖—耘—耥的水田耕作体系形成。江南地区出现水旱轮作的稻麦复种制。人们更加重视施肥以补充地力。农作物品种，尤其水稻品种更加丰富。总之，水田精耕细作技术体系取代了火耕水耨，作物构成发生了一系列重大变化。稻麦上升为最主要粮食作物，取代了粟的传统地位；苎麻地位上升，棉花传入长江流域；油料作物增多，种蔗和植茶成为重要生产项目。唐初官营养马业臻于极盛，中唐后中原大牲畜饲养业渐趋衰落。

这一时期农书显著增多，已知农书数量几乎是前代农书总和的一倍。许多农书从不同角度反映了这一时期农业科技的最新成就。南宋陈旉于 1149 年写成的《农书》，是总结江南地区农业生产和经营管理新经验的一本地区性农书。其中对水田耕作栽培技术和各类土地合理利用的精辟论述，标志着南方水田精耕细作技术体系的成熟。书中提出"盗天地之时利"、"地力常新壮"等命题，在传统农学的发展上具有里程碑意义。元初司农司主持编纂的《农桑辑要》（1273 年），是现存最早的官修农书，其体例完备，行文严谨，内容切实，农桑并重。书中主要引录前人的著述，其中多为现已失传的书，并"新添"了若干新作物和新技术。虽然本书以介绍北方农业生产知识为主，但注意南北农业文化的交流，提倡棉花、苎麻、柑橘、甘蔗等南方植物向北方传播，思想活跃先进。稍后王祯于13 世纪末 14 世纪初写成的《农书》，第一次囊括了北方旱地和南方水田的生产技术，并做了比较，系统全面，源流清晰。尤其是全书用 2/3 的篇幅介绍 260 种农器（主要是农机具，也包括部分农产品加工工具和其他与农业有关的设施），每种农器有图有文，并配以诗歌，是我国现存最古最全的农器图谱。专业性农书也很多，如唐陆龟蒙的《耒耜经》、陆羽的《茶经》、李石的《司牧安骥集》、宋秦观的《蚕书》、赞宁的《笋谱》、陈翥的《桐谱》、蔡襄的《荔枝谱》、韩彦直的《橘录》、陈景沂的《全芳备祖》等，都是很有价值的农书。

（4）第四阶段：明清。这一时期农业生产继续发展，但也受到严重制约。主要制约因素之一是人口的增长。我国人口长期增长的趋势始自宋代，而延续于明代。清康熙末年恢复到明代盛世人口 1.2 亿的水平，乾隆末年人口猛增到3亿，至鸦片战争前夕，人口已突破4亿大关。人口空前增长的物质基础，是由于国家统一，社会空前稳定等因素所促成的农业生产的发展。但人口的空前增长又导致了全国性的耕地紧缺，以致在粮食单产和总产增长的同时，每人平均占有粮食数量却呈下降趋势。为了解决民食问题，人们千方百计开辟新耕地。内地荒僻山区、沿江沿海滩涂、边疆传统牧区和少数民族聚居区域成为主要垦殖对象。传统农区面貌和农牧分区格局因而发生了重要变化。耕地面积有较大增加，但也造成对森林资源和水资源的破坏，加剧了水旱灾害。原产美洲的玉米、甘薯、马铃薯等高产作物的引进和推广，为我国人民征服贫瘠山区和高寒山区，扩大适耕范围，缓解民食问题作出重大贡献。棉花在长江流域和黄河流域的推广，引起了衣着原料划时代的变革。花生和烟草是新引进的两种经济作物，甘蔗、茶叶、染料、蔬菜、果树、蚕桑、养鱼等生产均有发展，出现了一些经济作物集中产区和商品粮基地，若干地区间形成了某种分工和依存关系。精耕细作农艺继续发展，多熟种植有较大扩展，以"粪大力勤"为特点的技术体系更加强化。低产田改良技术有新创造，出现了"立体农业"的雏形。但农业工具却甚少改进。

明清是我国农书创作繁荣、成果丰硕的时代。据《中国农学书录》统计，我国历代农书共541种，其中属明清时代的有329种，相当于前代农书总和的一倍半。最近有人新查出明清农书近500种，合计约830

种，为前代所不可比拟。这些农书内容丰富，形式多样，不乏高水平的佳作。这是当时农业生产和农业技术继续发展的一种标志。在全国性综合性农书中，最重要的是明代徐光启所著的《农政全书》（刊刻于1639年）。全书70余万言，分农本、田制、农事（以屯垦为中心）、水利、农器、树艺（谷物、园艺）、蚕桑、蚕桑广类（棉、麻、葛等）、种植（经济作物）、牧养、制造（农副产品加工）、荒政等十二门，内容比前代农书大为拓宽。它有鉴别地收集了历代农书和农业文献的精华，补充了屯垦、水利、荒政等前代农书的缺欠，总结了宋、元以来在棉花、甘薯引种栽培等方面的新鲜经验，又第一次把"数象之学"应用于农业研究，通过对历史资料的统计分析和实地观察，正确指出了蝗虫的滋生场所，还收录了反映近世西方科技成果的《泰西水法》，堪称我国农书中体大思精、内容宏富、继承与创新相结合的集大成之作。成书于1742年的《授时通考》是清政府组织编纂的大型综合性农书，汇集和保全了丰富的资料，但内容上没有什么创新。在为数众多的综合性地方农书中，最著名的有浙江的《沈氏农书》和《补农书》，四川的《三农记》，山东的《农圃便览》、《农桑经》，山西的《马首农言》，陕西的《农言著实》、《豳风广义》等，不少是出于经营地主实录性的经验总结。专业性农书亦大量涌现，蚕桑类、畜牧兽医类专著尤多，园艺、花卉、种茶、养鱼的农书也不少，种菌、养蜂、放养柞蚕等均有专书。还有专门论述新兴作物（如《烟草谱》、

《木棉谱》、《金薯传习录》）和推广双季稻（《江南催耕课稻篇》）的。人们总结抗灾救荒的经验，又撰写了一批关于防治蝗虫和记述救荒植物的专书。还有一些农书着重在理论上进行分析，把传统农学理论进一步系统化，具有相当高的水平。但由于我国当时仍缺乏显微镜一类科学观察实验手段，难以探索农业生物内部的奥秘，使之成为建立在科学实验基础上的理论，这就不能不妨碍我国农学以后的进一步发展。

综观我国古代农书，在卷帙浩繁、体裁多样、内容丰富深刻、流传广泛久远等方面，远远超过同时代的西欧。这些农书，是祖国农业遗产中可以稽查的主要部分，也是我们发掘和研究传统农业科学技术的主要依据。

我国传统农业虽然有过光辉的历史，但自清代前期达到一定程度的繁荣以后，已逐渐显露危机，虽仍在前行，却已步履维艰。人口继续增长，可供开垦的耕地已经所剩无几，人地矛盾相当突出。在封建制度压迫（鸦片战争后又加上帝国主义的剥削）下，农民生活困苦，生产工具和生产技术难以改进，单位面积产量的提高受到很大限制，甚至呈下降趋势。传统农学也始终没有突破直观经验加哲理性原则的框架，与西方近代农学相比在许多方面已显得落伍。鸦片战争后，中国特产丝、茶一度独占国际市场，但不久即被采用新法生产丝、茶的意、法、日、印、锡兰（今斯里兰卡）等国产品所排斥。中国农产品在国际市场上竞争的失利暴露了中国传统农学和传统农业经营方式的弱点，作为当时整个中国社会危机的一部分的农业危机已引起朝野人士的普遍关注。19 世纪末，以上海务农会的成立和《农学报》的创办为起点，一批官绅、知识分子和实业界人士发出振兴农业的呼吁，并纷纷翻译书报，延聘外国农师，派遣留学生，学习和介绍西方近代农业科学，农业学校和农事试验场在各地亦相继成立，引进良种和西方机具，并采用新法从事各项试验。晚清的这一兴农活动，标志着中国传统农业向近代农业过渡的起步。这一时期由上海江南农总会编辑的、收录 171 种农学译著的《农学丛书》，则在一定程度上反映了近代农学与传统农学的交汇。由于各种历史原因，我国农业近代化的进程十分缓慢。直到现在，我国仍处于从传统农业向近代农业的过渡之中。

二 海纳百川 品类繁富
——动植物的驯化、引进和利用

　　我国历史上的栽培植物和家养动物种类繁多,其中很大一部分是本土驯化的。20世纪初,苏联著名遗传学家瓦维洛夫首创栽培植物起源多样性中心学说,把中国列为世界栽培植物八大起源中心中的第一中心。中国起源的栽培植物多达136种,占全世界666种主要粮食作物、经济作物以及蔬菜、果树的20.4%。以后作物起源学说陆续有所补充发展,而中国作为世界作物起源中心之一的地位始终为研究者所公认。我国又是家养动物的重要起源地。许多本土起源的栽培作物和家养动物,并非是汉族单独驯化的,而是由中国境内各民族共同创造的。各民族的先民在各自的自然环境中驯化了不同的动植物,并通过彼此交流,融汇到中华农业文化的总体中。我国的栽培植物和家养动物中,又有相当一部分,包括一些很重要的种类是从国外引进的。在这里存在着不同于国内地区间与民族间交流的另一种文化交流:一方面,起源于我国的栽培植物和家养动物陆续传到世界各地;另一方面,又不断地从国外引进栽培植物和家养动物的新种类、新品种，并用传统技术把它们改造得适应中国的自然条件。还应指出，许多作物和畜禽的引进和外传，是以边疆少数民族为中介的，也就是说，两种交流是交织在一起的。正是在这两种交流中，我国栽培作物和家养动物种类日益丰富，农业文化不断提高，并对世界农业作出自己的贡献。根据学者的研究，在过去150年中进入西方的粮食、纤维及装饰作物，大多数来自日本，而日本的植物又几乎全部引自中国。美国一位人类学家甚至说："如果不是由于西方农民和食品购买者根深蒂固的保守观念，我们所输入的，或许还要多上几百种。对比之下，中国人（一向被认为是盲目地固守传统）却几乎借取了一切能够种在自己国土上的西方植物。"这使我们想起林则徐的一副对联，其中有"海纳百川，有容乃大"一句，把它用在这里倒是很恰当的。

从"五谷"到新大陆高产
粮食作物的引进

我国古代粮食作物有"百谷"和"五谷"之称，"五谷"出现较晚，始见于春秋时的《论语》。从近现代原始民族的情形推测，大概在农业发生之初，人类进行了广泛的栽培植物的试验，他们种植的作物种类很多，并往往把不同种类的作物种在一起。传说最早的农神——"烈山氏"之子"柱"，"能植百谷百蔬"，正是这种情形的反映。经过长期的比较和选择逐步淘汰了产量较低和品质较差的作物，相对集中地种植了若干种产量较高、品质较优的作物，这就是从"植百谷"到"种五谷"的过程。所以孟子说："五谷者，种之美者也。"

"五谷"具体指什么？汉代人已有不同解释。有的说是黍、稷（粟、秫）、菽、麦、稻，有的说是黍、稷、菽、麦、麻，有的说是稻、稷、麦、豆、麻。三种说法中提到的作物共有 6 种：黍、稷（禾、秫、粟）、稻、麦、菽、麻，区别只是有的无稻，有的无麻，有的无黍，反映了不同地区、不同时期的差异。甲骨文、《诗经》、《吕氏春秋·审时》等文献记载的粮食作物也是这 6 种。可见，这 6 种作物为主要粮食的地位在殷周时代就已经形成了，我国以后历朝粮食种类及其构成，就是在这一基础上发展变化的。

（1）粮食中的元老——粟黍和水稻的荣衰。粟黍和水稻是起源于我国本土的最重要的粮食作物。我国很早就形成北粟南稻的格局。但两者有不同的历史命运：前者始盛终衰，后者则步步高升。

粟和黍在植物分类上不同属，但常在同一地区种植，栽培条件和食用方式相似，习惯上常常连称。它们是黄河流域本土驯化的典型粮食作物。粟的野生祖先是狗尾草，古书上称为"莠"（音 yǒu）；黍的野生祖先是野黍，古书上称"稗"（音 bǐ）或"稂"（音 láng）。它们在黄河流域都有广泛的分布。从目前考古资料看，黄河流域华夏族先民距今七八千年以前已种

49

粟黍，我国新石器时代栽培粟黍的遗存已有近 50 处。粟黍共同的特点是抗旱能力强，生长期短，播种期长，耐高温，对黄河流域春旱多风、夏热冬寒的自然环境有着天然的适应性。粟、黍的这些特性首先是自然选择的结果。任何作物的驯化都是在自然选择基础上的人工选择。原始人类总是选取在当地出产，并对其自然条件有天然适应性而又能满足人类某种需要的植物予以驯化。可见粟、黍首先成为黄河流域华夏族先民的主要粮食作物并非偶然。

黍俗称黄米，不黏者称为穄或糜子。和粟相比，黍更耐旱，生长期更短，与杂草竞争能力更强，最适合作开垦荒地的先锋作物，它又是酿酒的好原料。但产量不如粟，吃起来不如粟可口。在以黄河流域为中心，东到黑龙江，西到新疆的新石器时代遗址中，多处发现黍的遗址。甲骨文和《诗经》中，黍出现的次数很多。诗书等上古文献中往往黍稷（粟）连称，可见它在上古粮食作物中占有十分重要的地位。春秋战国以后，黄河流域生荒地减少，黍的地位逐渐下降，但在很长时期内仍然是北部和西部地区居民的主要植物性食物。现在黍的种植更少，是杂粮中的次要者。

粟俗称谷子或小米（一般指脱了壳的），粟中黏的叫秫（音 shú），可以酿酒。粱是粟中品质好的，是古代贵族富豪的高级粮食。粟营养价值高，有坚硬的外壳，防虫防潮，带壳的粟可以储藏几十年而不坏。古人喜欢用地窖藏粟，粮窖成为粟作文化的特征之一。从原始农业时代中期起，粟就高居粮食作物的首席。

黄河流域史前考古所发现的粮食作物，以粟为最多。在新石器时代，粟已传到南方，足迹达于云南和台湾。甲骨文中的"禾"字，很像粟成熟时谷穗下垂的样子（𣎗），很明显，它的原义是指粟。由于粟是最主要的粮食，禾便由粟的专名演变为禾谷类以至所有粮食作物的共名，但战国秦汉还有称粟为禾的。粟又别称稷，稷是什么作物，是近世学者争议颇多的问题。隋唐以后，因为稷和穄读音相同（音jì），不少人把两者混同起来，认为稷是黍的一种。其实，唐以前学者释稷为粟，明确无误。稷、穄的古音并不相同，上古稷也可读为粟，如："肃慎"也可写作"稷慎"。由于稷为"五谷之长"，古人又用它来称呼农神和农官，而"社（土地神）稷（谷物神）"，则成为国家的代称。秦汉管经济的官员有称为"治粟内史"、"搜粟都尉"的。《齐民要术》专论作物的诸篇中，《种谷》列于第一，篇幅最大，内容最详。在很长时期内，粟不但是北方居民最大众化的粮食，而且"燔莱种粟"也一直是南方与水田稻作相辅而行的重要生产活动。粟的这种地位一直延续到唐代。中唐以前，政府收"租"（土地税）要纳粟，粟是主粮，麦豆是杂稼。中唐以后，始则因小麦、水稻地位的上升，继则因高粱、玉米的推广，粟遂逐步降为次要作物。但直到近世，粟仍是北方重要杂粮。陕北的小米，曾哺育了一代革命者，"小米加步枪"打败了蒋介石的"飞机加大炮"，为新民主主义革命的胜利作出贡献。

水稻是由我国南方百越族先民首先驯化的。栽培稻的祖先是多年生普通野生稻，在东起台湾桃园，西至云南景洪，南起海南三亚，北至江西东乡的地区内均有分布。目前我国已发现新石器时代稻作遗存 80 余处，以长江中下游最为密集，年代最早的距今 9000 ~ 7000 年。水稻很早就是南方人的主粮，但在很长时期内，由于全国经济重心在黄河流域，南方地广人稀，水稻虽列于五谷却不占主要地位。历史上稻作不断拓展其范围。从考古发现看，原始社会晚期黄河、渭水南岸及其稍北已有稻作。相传大禹治水后曾在北方低湿地推广种稻。据农史专家游修龄研究，甲骨文中从黍从水的"𮬵"字即指稻，因为稻和黍均系散穗形植物，其区别在于水栽还是旱作。稻传入黄河流域以后，中原人借用植株外形相似的黍加上水栽的特点来代表这种新作物，至金文时代才被现今的稻字所取代。据《周礼》、《诗经》等文献，先秦时代，黄河中下游以至辽河流域都有稻作的踪迹。但数量不多，故稻被视为珍贵食品，或用于酿酒。从汉代至唐代，随着北方农田水利的兴起，北方稻作颇有发展，北界扩展到河西地区，新疆哈密和东北吉林省中部，尤以关中、三河和黄淮地区较为集中。清代，新疆伊犁、东北图们江流域也开始种稻。但限于水资源等条件，北方种稻毕竟不多，且不大稳定，宋以后由于水利失修和自然景观的改变（洼地减少），北方稻作总的在萎缩。水稻在粮作中地位的提高主要赖于南方经济的发展。从魏晋南北朝至唐宋，大片沼泽滩涂被辟为稻田。随着陂塘建设和梯田兴修，许多丘陵山区也种上水稻。由于水田精耕细作技术体系的形成，水稻单位面积产量也有很大提高。如宋代太湖地区水稻每亩产米二石五斗，合市制450斤左右，比唐代南方水稻亩产增长了63%。中唐以后，南方人口已大大超过北方。南方以稻作为主的粮食生产，不但养活了这众多的人口，而且还有大批粮食北运。至迟在北宋时代，水稻已确立了它作为全国主要粮食作物的地位。这种局面以后又进一步获得巩固。明末宋应星说："今天下育民人者，稻居什七。"今天，我国水稻面积和产量均居世界水稻生产的首位。

（2）走向辉煌——麦作引进推广史。我国上古时代，"麦"兼指大小麦，而主要指小麦。大小麦原产于西亚，国际学术界已有定论。近年来，我国有些学者根据我国麦作有较古的考古发现和较早的文献记载等，推断黄河流域也是小麦的原产地之一。其实小麦不可能是黄河流域独立起源的。它是一种越年生作物，对西亚冬雨区的自然环境具有天然的适应性，但在黄河流域，越年生小麦主要生长季节冬春恰恰是雨雪稀缺的季节，如无人工的措施，是不适宜小麦生长的。普通小麦是由二粒小麦和小麦草杂交起源的，黄河流域虽有小麦草分布，但绝无二粒小麦。无论字源学或栽培史都说明小麦是一种引进作物。

我国古代禾谷类作物都从禾旁，唯麦从"来"旁。来字在甲骨文中作"𣏗"，正是小麦植株的形象，麦穗直挺有芒，加一横似强调其芒。小麦最先就叫"来"。因其是引进作物，故甲骨文中的"来"字已取得表示

"行来"的意义；于是又在来字下加足（𡗅），以称小麦，形成"麦"字，以区别于"来"。《诗经》中沿用此称，唯有在追述麦类起源时才恢复称"来"，并说它是上帝所赠送的。这种传说，尽管披着神秘的外衣，其实只是意味着麦类是引进的外来作物，而非原产于黄河流域。前些年在新疆孔雀河畔古墓沟遗址发现距今3800年左右的栽培小麦遗存，近年又有甘肃民乐东灰山遗址发现距今5000年的小麦、大麦和黑麦籽粒的报道。有关文献也表明，我国西部一些民族，如羌族，有种麦吃麦的传统。黄河中下游种麦，很可能是由羌族通过新疆、河湟这一途径传入的。周族在其先祖后稷时已种麦，很可能出自羌人的传授。但先秦种麦不多，麦类在粮作中的地位逊于黍稷和大豆。

中原传统作物是春种秋收，冬麦的收获却在初夏（俗称麦秋），恰值青黄不接时期，有"续绝继乏"之功。它又可与其他春种或夏种作物灵活配合，增加复种指数；在我国，尤其是黄河流域的轮作复种制中，冬麦往往处于枢纽地位。由于上述原因，小麦种植历来为民间重视，政府提倡。如汉代在关中等地推广种麦，成绩斐然。不晚于春秋战国时代，长江中下游已有麦作。东晋南朝又在江淮一带推广种麦。唐代小麦发展很快，唐初麦豆仍被视为杂稼，但中唐实行两税法，分夏秋两次征税，夏税主要收麦，反映麦作已很普遍。北宋时，小麦已是北方人的常食，以至绍兴南渡，大批北方人流寓南方时，竟引起麦价的陡涨，从而促进了南方麦作的进一步发展。当时不但"有山皆种麦"（陆游语），而且部分水田也实行稻麦轮作一年两熟。小麦终于在全国范围内成为仅次于水稻的第二大粮食作物。这种地位一直维持到今天。

　　原产于西亚冬雨区的越年生小麦，不适应黄河流域冬春雨雪稀缺的自然条件，也不适应南方稻田渍水的环境，所以小麦的引进和推广是要克服许多困难的。在黄河流域，小麦最初只能种在下湿地。《齐民要术》引述了当时一首民歌说："高田种小麦，稴穇（音 liàn cǎn，禾不结实）不成穗，男儿在他乡，那得不憔悴。"黄河流域种麦往往要采取特殊的防旱保墒措施。如用醋和蚕矢浸渍麦种，每当冬天下完雪，都要镇压麦地，不让风把雪吹跑，等等。这在《氾胜之书》中有详细记载。以后由于农田灌溉和防旱保墒技术的发展，扩大了麦类适种的范围。南方则相反，麦类在很长时期内只能种在较高亢的旱地上。后来逐步在稻田中冬种麦类，则需采取作垄、开腰沟等措施以改善土壤环境。麦作的推广还要培育出适应不同条件的品种。冬麦收获正值炎夏，高温逼熟，又常遇雨天，可谓龙口夺食，分秒必争。从唐代到宋元，北方人民创造了麦钐（音 shàn）、麦笼、麦绰等配套的麦收工具，比普通镰刀效率提高十倍，为大面积种麦创造了条件。麦子和传统的粟不同，容易受潮长虫，不耐储藏，为此，又有伏天曝晒、趁热进仓、药物防虫等办法的发明。我国农区传统饮食习惯是"粒食"，麦粒最初也是煮成饭吃的。但麦饭适口性差。因此，麦作的推广还有赖于麦类加工技术的改进。石转磨的发明解决了这一问题。

石转磨出现于春秋，推广于汉代。从此，小麦可以磨成粉，做成各种精细可口的食品。汉代面粉做成的食品统称饼，如馒头叫蒸饼、面条叫汤饼、芝麻烧饼叫胡饼等，其中不少直接取法于西部少数民族。

小麦从引进到发展成为全国第二大粮食作物，足足花了3000多年时间，克服了一系列困难，是很不容易的。全部麦作栽培史都证明，小麦是引进作物，而非黄河流域或长江流域原产。它也表明，中国人民是有吸收外来农业文化的胸襟和能力的。

（3）有特殊贡献的"多面手"——大豆。大豆古称"菽"。菽虽然主要指大豆，但有时也泛指豆类。"豆"字虽在甲骨文中已经出现，但其义为食肉器，它作为豆类作物的称谓是秦汉以后的事。我国是世界公认的栽培大豆的起源地。野生大豆广泛分布于我国东北地区、黄河流域和长江流域，栽培大豆是居住在这些地区的先民分别从当地的野生大豆中驯化而来的。《诗经》记述周族先祖弃小时候就种植"荏（音 rěn）菽"，表明黄河流域不晚于原始社会晚期已有大豆栽培。东北诸族种大豆似乎也很早。已知最早的栽培大豆遗存，发现于距今2500年的吉林永吉县大海猛遗址。世界各国的大豆均由我国直接或间接传入，早在秦代我国大豆已传至朝鲜并辗转传到日本，欧美各国种大豆则是18世纪以后的事，各国对大豆的称呼，几乎都保留了我国大豆古称"菽"的语音。

大豆在我国人民的食谱和作物构成中居于特殊地位。大豆含有丰富的蛋白质、脂肪、维生素和矿物质，被誉为"植物肉"。我国农区人民肉食量较少，大豆正好补充其不足，故对中华民族的健康发展具有重大意义。大豆根部有根瘤，有固氮能力，古人对此早有所认识。菽的初文为"尗"。从金文中从尗的字看，尗字作"朮"形，为大豆植株形象，一横表示地面，上面是生长的豆苗，下面是长满根瘤（古人把它叫做"土豆"）的根，三点喻其多。汉代，人们已明确认识到豆科作物的根部有肥地作用。

大豆和豆科作物的推广，一方面由于人们不断发现它新的利用价值和利用方式，另一方面又得力于各地区各民族之间的文化交流。从《诗经》记载看，春秋以前菽在黄河流域粮作中的地位比不上粟黍麦。春秋时，齐桓公讨伐活动于今日河北省东北部及其以北地区的"山戎"族，将当地盛产的"戎菽"引种到中原地区。戎菽大概是大豆的一个优良品系（又有人认为戎菽是黄豆，中原原来种植的是黑豆）。春秋战国正是黄河流域大量垦荒，并从休闲制过渡到连种制的时期。大豆可以春秋两季播种，在其他作物失收条件下也能播种保收，故称"保岁易为"，又能满足新耕作制度下培肥地力的需要。故以戎菽的引进为契机，大豆在黄河流域获得迅速发展，从春秋战国之际到秦汉之际，大豆跃居为与粟比肩的最主要的粮食作物。先秦诸子书中谈到民食时大多是"菽粟"并提。如孟子就说过：圣人治天下，应该使菽粟如同水火一样丰足，人民就不会不仁爱了。西汉以后，大豆的种植面积比以前减少，而利用方式则多样化。豆豉、豆腐、豆芽和豆酱在汉代相继出现，标志着大豆向加工为副食品的方向发展。汉代豆豉已成为大宗商品，而豆腐的发明与石转磨的推广有关。以前传说西汉淮南王刘安始作豆腐，近世学者多不置信。后来在河南密县打虎亭东汉墓的画像石中发现了包括浸豆、磨豆、过滤、煮浆、点浆、镇压等程序的豆腐生产图，证明汉代确有豆腐生产。豆腐已成为当今风靡世界的保健食品，它的发明是我国饮食文化中的一大特点和一大贡献。早在先秦时代，豆类就被用来喂饲马、牛、狗、猪、鸡、鸭等畜禽，魏晋南北朝时期，大豆又被作为青饲料种植，《齐民要术》称之为"青茭"。豆类作物被广泛用来与禾谷类作物轮作，绿豆、小豆等有时还作为绿肥作物参加轮作，构成我国传统用地养地相结合的重要方式。不晚于北宋，大豆被用于榨油，后来成为重要油源，而豆饼也成为重要的优质肥料和饲料。20世纪，大豆又成为新的化工原料。大豆用途如此的层出不穷，在栽培植物中罕有其匹，因而其种植范围也不断扩展。我国南方很早就开始种大豆，但数量不多。南朝和两宋均在南方推广种豆。至清代，南方，包括华南和西南，都普遍种植大豆，而大豆的古老产地东北，则发展为主要的大豆商品生产基地。宋代以来，大豆虽然已退出粮食作物行列，但正如清代有人所说："豆之为用也，油腐而外，喂马溉田，耗用之数几与米等。"

（4）新大陆来客：玉米、甘薯、马铃薯。我国的粮食构成，殷周以黍稷为主，春秋末至西汉初以菽粟为主，西汉以后，大豆向副食方向发展，大麻逐渐退出粮食行列，粟在很长时期内仍占首要地位，但水稻持续发展，麦作不断推广，至宋代，稻麦终于取代了粟的传统地位。这种格局明代进一步巩固。明末宋应星指出：在天下哺育人民的粮食中，水稻占 7/10，麦类和小米占 3/10。大麻和大豆的功用，已转为提供油料副食。在黄河流域和辽河流域民食中，小麦占一半，黍稷稻粱合起来仅仅占一半，这是对到明代为止粮食构成变化的一个总结。但也正是这时，粮食生产中一场意义深远的变革在悄悄进行之中，这就是原产美洲的玉米、甘薯、马铃薯等高产作物的引进和推广。它们适应当时人口激增的形势，为中国人民征服贫困山区和高寒山区，扩大适耕范围，缓解民食的紧张，作出了巨大贡献。

据明代田艺衡《留青札记》（1572 年）的说法，玉米出于"西番"，旧名"番麦"，因曾进贡皇帝享用，被称为"御麦"。在我国文献中，早期玉米多称"玉麦"，大概是"御麦"的讹变。此外，它还有包谷、玉蜀黍等几十种异称。玉米原产美洲，这是大多数学者公认的。以前一般认为 1492 年哥伦布发现新大陆后，栽培玉米传入我国。近人的研究已动摇了上述结论。因为在哥伦布发现新大陆前几十年，在兰茂所著《滇南本草》中已有用"玉麦（即玉米）须"入药的明确记载。我国西南地区种植玉米也相当早，且有玉米的原始栽培种和野生亲缘植物分布。因此，玉米的起源和如何进入中国内地尚待进一步研究。不过，明代虽有若干方志有关于玉米的记载，但内地种玉米却很少，以至于人们对玉米之为何物不甚了了。《农政全书》没有玉米专条，《本草纲目》虽有记述，但却把玉米图画错了，玉米棒子结在顶部。到了清代，人口激增，民食紧张，玉米开始受到重视。玉米对土壤、气候条件要求不高，种管收藏均省工方便，又高产耐饥，收获早，没有完全成熟也可食用。这些优点使它被入山垦种的贫民视为宝物，并迅速在各地山区推广开来，取代了原来粟谷的地位。清末吴其浚的《植物名实图考》说，各地山田都种玉米，"山氓恃以为命"。约18世纪中期以后，平川地区也开始大量种植玉米。因为玉米产量高，在麦粟豆等低秆浅根作物前后导入玉米等高秆深根作物，可形成比较理想的轮作关系。如19世纪后期的关中，有"棉花进了关，玉米下了山"的民谚。以后，玉米又由华北扩展到东北，发展为全国性重要作物。

甘薯和马铃薯这两种块根作物均原产于美洲。我国也有原产的块根块茎类作物，主要是薯蓣（山药）和芋头，后来都转化为蔬菜了。另一种块根作物也称甘薯，属薯蓣科，不晚于汉代已于海南岛等地栽种，它是黎族人民的传统作物。苏东坡贬居海南时还吃过它，且写诗吟咏。有人把它混同于原产美洲的甘薯，又有人把它当作芋头或山药，都没说对。其实原产于美洲的甘薯属旋花科，又称番薯，它在明万历年间传入我国。引进的路线一是从吕宋（菲律宾）传入福建，一是从越南传入两广，都是华侨中的有心人冒着风险，冲破当地的封锁把薯种带回国的，因此还产生了不少动人的故事。其中最著名的是福建长乐人陈振龙和广东东莞人陈益。甘薯传入后，恰遇福建因台风灾害发生饥荒，甘薯被作为救荒作物种植，救活无数灾民，人们对它开始刮目相看。明末徐光启为了解决江南的灾荒，多次从福建引种甘薯，并研究解决了甘薯在当地藏种越冬的关键技术。徐光启总结了甘薯的"十三胜"，包括产量特高，食用方便，繁殖容易，种植简单，耐旱耐瘠，不怕蝗虫，等等。甘薯有多种用途，且可种在山坡新垦地，不与主粮争地，这对人满为患、耕地稀缺的明清时代，自然是很有吸引力的。清中叶以来，随着人口激增和贫苦农民为寻求新耕地的迁移活动，甘薯加快向北传播，在长江流域、黄河流域迅速推广。其中，官方的倡导也起了一定的作用，如陈宏谋抚陕时即明令各州县引种甘薯。

马铃薯又称洋芋、土豆等，传入我国非止一途。最初大概是从南洋传入台湾，台湾在荷兰人统治时期已有种植马铃薯的记载；以后又传入闽广，故马铃薯又被称为荷兰薯、爪哇薯。晋陕一带的马铃薯，可能是法国和比利时传教士引进的，并传播至西北各地。东北的马铃薯则可能是俄国人带进来的。马铃薯生长期短，适应性强，即使在气候寒冷的地区，在新开垦地或瘠薄山地，均可种植，它成为我国苦寒山区人民的重要食粮。

在这里还应谈谈高粱。高粱原产于非洲，何时传入我国难以确考。以前一些学者认为高粱是元代传中

二 海纳百川 品类繁富

61

国的入中国的，近年来不断有出土汉代、战国以至西周高粱遗存的报道。有些学者认为，我国也是高粱的原产地，并认为古籍中的"粱"即指高粱。这种说法根据显得不足，因为古书中的粱指"好粟"，即品质优良的谷子，这是比较明确的。对考古报道的高粱遗存，学界虽有争议，但难以完全否定，这问题很值得进一步研究。从已有文献材料看，高粱早期称"木稷"、"巴禾"、"蜀秫"，始见于魏晋时代文献。这种以中原人熟悉的作物加上限制词构成的名称，表明高粱对中原来说是引进作物。在我国，高粱最初大概种植于巴蜀等西南民族地区。黄河流域较多种植高粱则始于宋元时代，18～19世纪间推广至东北。高粱抗旱耐涝，宜种于北方低洼易涝之地，籽实除食用外，可酿酒，且秸秆可作燃料，可作编织材料。高粱于明清以后发展为北方重要作物之一。

我国现今主要粮食作物依次是水稻、小麦、玉米、高粱、谷子、甘薯和马铃薯，这是长期历史发展的结果。而粮食作物构成的这种格局，清代已基本形成了。

 日见兴旺的经济作物家族

由于"民以食为天"，原始人最初驯化的植物差不多是清一色的直接供口腹之需的粮菜。后来的各种经济作物，上古时有些还没有出现，有些则依附于粮食生产，不构成独立的存在。但人类的需要是多方面的，随着农业的发展，各种独立的大田经济作物陆续出现，并日益增多。这一过程是战国秦汉才逐步明显的。

（1）麻棉地位的古今消长。我国最早出现的经济作物是纤维作物。在很长时期内，大麻和苎麻是植物性纤维的主要提供者，均为中国原产，外国人分别称为"汉麻"和"中国草"。

大麻古称麻，俗称火麻，原产华北。甘肃东乡马家窑文化遗址出土了距今 5000 年的栽培大麻籽。山西襄汾陶寺龙山文化遗址则出土了用以殓尸的大麻织物。《诗经》等文献中有不少关于"麻"的记载，"麻"就是指大麻。大麻是我国已知最早栽培的"纤维作物"。这里之所以要打上引号，因为在很长时期里，大麻首先是粮食作物，是先秦时代黄河流域的"五谷"之一。大麻籽粒是人们主要食用对象，古称苴（音 jū）或称蒉（音 fén）。《诗经》中有"九月叔（拾）苴，食我农夫"的诗句。在食用麻籽之余，也利用麻秆的韧皮纤维作为衣着原料。在这过程中，人们发现大麻是雌雄异株的，可以分别加以利用。雄麻称枲（音 xǐ），主要利用其纤维。雌麻称苴，主要利用其籽实。雌麻纤维也可以利用，但质量较粗劣。我国先秦时代已懂得大麻有雌雄之别，这种对植物性别的认识在世界上属最早之列。《诗经·南山》："艺麻如之何？横纵其亩。"可见春秋初年麻田面积颇不小。但这些麻田可能还是籽实纤维兼用的。大麻作为纤维作物完全从粮食生产分离出来，大概是秦汉的事。西汉司马迁说，当时齐鲁一带种植千亩桑麻的收入比得上千户侯，这种上千亩的麻田应是专门提供纤维的。西汉末年的《氾胜之书》把以利用纤维为目的的枲（雄麻）和以利用籽实为目的的麻（雌麻）作为两种作物来叙述。以后，大麻籽实逐渐退出粮食行列。如《齐民要术》把"种麻子"列于"种麻（纤维用麻）"之后，且说明"种麻子"是为了"捣治作烛"。这样大麻作为纤维作物的重要性加强了。魏晋南北朝，一般大田作物很少施肥，唯独麻田要施用基肥，可见人们对纤维用大麻生产很重视。从东汉末年起，历代政府租赋多有麻布征调，大麻种植遂从黄河流域推广到全国。唐代，淮河流域和长江流域各地都有上贡火麻制品的任务。至 19 世纪，南起云南，北至黑龙江都有大麻的踪迹。

苎麻是多年生草本植物，喜温喜光，其纤维质量很好，可织成比较高级的织物。它原产我国南方，历史上主要产区也在南方。距今 4800 年的浙江吴兴钱山漾遗址，发现了迄今最早的精美苎麻布。三国时吴国人陆玑《诗草木鸟兽虫鱼疏》谈到荆楚间种苎麻，一岁三收，则是已知最早的种植苎麻的文献记载。其实春秋时的越国很可能已经种苎麻，而巴蜀地区、云南西部的哀牢夷、海南岛黎族先民不晚于汉代已生产苎麻布。历史上，汉代巴蜀出产的"黄润"，宋代邕州（今广西南宁一带）壮族出产的"花练"（音 shū），都是有名的苎麻织物。这些织物洁白细薄，清凉离汗，四丈八尺的一匹布卷进一个小竹筒中尚有余地。唐以前，苎麻种植尚有限。唐宋以后，随着南方经济的繁荣，苎麻繁殖栽培技术显著改进（如由分根繁殖改为种子繁殖，并总结了整地、选种、播种、管理、移栽生产程序没有蚕桑丝麻复杂，而兼有两者的优点，不但可以织成"轻暖丽密"的棉布，而且可以用它制作棉衣棉被，是贫富皆宜的大众化衣着原料。尤其是棉花是短纤维，使用小纺车，家家可置，老弱能用，非常适合耕织结合的小农经济的需要。棉花的这些特点，使它能取代丝麻成为我国主要的衣着原料。植棉普及后，大麻生产基本上退出衣着领域，苎麻生产被压缩到自然环境比较优越、生产技术比较高超的若干地区（如江西、湖南、福建、广东），生产麻袋、麻绳、夏布、蚊帐等。蚕丝生产也在全国范围内衰落。尤其是长期以来蚕丝生产最发达的华北平原成为新兴植棉中心后，蚕桑生产主要集中到南方的若干特定地区内。

（2）"反客为主"的芝麻花生和"半路出家"的油菜大豆。我国对动物油脂（主要是猪膏）的利用较早，对植物油脂的利用较晚。种子含油量较高的大麻、芜菁、芸薹虽然种植较早，不晚于汉代又驯化了荏（音 rěn，白苏），但都是直接食用，不用来榨油。西汉张骞通西域以后，芝麻和红蓝花先后引进中原，榨油技术可能同时引入。西汉《氾胜之书》中已有种胡麻（芝麻）的记载。榨取和利用植物油不晚于西晋。西晋初年王浚伐吴时就曾使用大量芝麻油烧毁吴国在长江设防的铁索。北魏《齐民要术》中胡麻和红蓝花都列了专篇。胡麻篇紧接粮食作物之后，生产技术记载颇详，反映出它已是重要的大田作物。该书还记述了当时规模可观的商品性红蓝花生产。同时，大麻籽、芜菁籽和荏也用来榨油。这样，我国才有了真正的油料作物。

芝麻原产非洲，引入中原前已在新疆安家，吐鲁番盆地西缘距今 2800~2200 年的原始社会墓地，已有芝麻籽壳的出土。因出自胡地，故称胡麻。唐宋以后据其用途称为脂麻，后讹为芝麻。芝麻继在黄河流域推广后，又逐步在南方发展起来，至宋代，已是"处处有之"。

宋代的油料作物比前代更为多样化，除大豆用于榨油外，古老的叶用蔬菜芸薹也转向油用，被称为油菜。宋元时南方多熟种植有很大发展，油菜耐寒，又可肥地，是稻田中理想的冬作物，又比芝麻易种多收，故很快在南方发展起来，出现了"菜花弥望不绝"的景象，成为继芝麻之后的又一重要油料作物。

宋代由于油料作物生产的发展，油坊遍设于大小城市，以至金宣宗时有人提出要"榷（音 què）油"，即由国家垄断油料生产。

明清时代油料作物生产又有进一步发展。原有的油料作物芝麻、油菜广为种植，大豆发展更为突出，明末清初大豆和豆饼成为重要商品，东北成为最重要的大豆生产基地。同时又开辟了新的油源。大约元明之际，亚麻（亦称胡麻）由药用的野生植物转化为油用的栽培植物，西北地区均有种亚麻的。明代引进了向日葵，初供炒食，至清末《抚郡农产考略》才有"子可榨油"的记载。意义更为重大的是花生的引进。据报道，浙江吴兴钱山漾和江西修水跑马岭都出土过新石器时代的花生遗存。但在这以后漫长的岁月里，我国文献中并不见有出产花生的明确记载，这成为农史研究中尚待解开的一个谜。明嘉靖以前，原产巴西的花生传入我国，当时称为香芋或落花生。大概是从海路传至闽广，由闽广传至江浙，清初已扩展到淮河以北。初作干果，用于榨油始见于清人记载。19世纪末又有大粒花生（洋花生）的传入，山东成为其重要生产基地。花生含油量大，是榨油的上好原料，引进后发展很快。清末民初，除新疆和西藏外，各省均有花生种植，花生跃居为最重要的油料作物。

（3）甘蔗的"归宗"和甜菜的"入族"。甘蔗自古以来是我国主要的糖料作物。以前人们认为我国甘蔗是从印度传入的。印度是甘蔗的原产地，这是世所公认的。但近人研究证明，我国也是甘蔗的独立起源地之一。甘蔗的梵语是"壹乞谷"，我国甘蔗的古称是柘（音 zhè）（单音）或诸柘（复音），后柘写作蔗，两者在语音上并无同源关系。大概早在原始时代的采集活动中，人们已折取野生甘蔗而"咋"（音 zé）啃其汁，甘蔗之称"柘"，正是来源于"咋"的音与义。从自然条件和有关文献记载推断，我国最早利用和种植甘蔗的当系岭南百越族系人民。战国时甘蔗已传至今湖北境内，《楚辞·招魂》提到当时人们饮的"柘浆"即甘蔗汁。蔗汁凝缩，曝晒后成块状，称为"石蜜"，南越王曾用作对汉王朝的贡品。在甘蔗传入以前，中原人的食用糖料只有蜂蜜和饴糖（麦芽糖）。以甘蔗为原料做成的"沙糖"，汉代已经出现，但在相当时期内产量不多，质量大概也不够好。唐太宗时曾遣使到印度恒河下游的摩揭陀国学习制糖技术，回国后加以推广，质量超过了摩揭陀国。到唐大历年间又有冰糖的创制，时称"糖霜"。制糖技术的进步促进了种蔗业的发展。唐宋时长江以南各省均有甘蔗种植。福建、四川、广东、浙江种甘蔗更多，尤其是四川的遂宁，成为全国最著名的产糖区，出现大面积连片蔗田和不少制糖专业户——"糖霜户"。明清时代，由于国内和国际对食糖需求的增长，植蔗与制糖业又有长足的发展。福建、广东、四川等省仍是甘蔗生产的发达地区。如广东蔗田不但"连岗接阜"，而且在低洼地区挖塘垫基，在基上种蔗栽桑，有些地区蔗田面积已赶上以至超过禾田。四川沱江流域以内江为中心发展为西南最大的糖业基地。云南、贵州、西藏以及河南、陕西等地也有甘蔗种植。台湾是新兴甘蔗产区，经郑成功父子经营，到清代已出现"蔗田万顷碧萋萋，一望葱茏路欲迷"的景象，制糖业迅速赶上以至超过大陆。

我国在唐代已种植叶用甜菜，即莙荙（音·jūn dá）菜。糖用甜菜则是 19 世纪后期从俄罗斯传入的。1870 年前后已在奉天海州（今辽宁海城）种植。

（4）老资格的茶和新落户的烟。我国是茶的故乡，有着丰富的野生茶树资源和悠久的有关茶事的记载。相传神农尝百草，一日遇七十二毒，遇茶而解。这反映了我国对茶的利用与农业的起源一样古老。我国西南地区是野生茶树的分布地，最早利用和种植茶树的是这一地区的少数民族。中国上古无茶字，茶是借用"荼"字来表示的。荼字从草，本义是苦菜、茅秀等草本植物，它有两个读音，一个是涂，一个是赊。中原本无茶，茶从西南少数民族传入。蜀人呼茶为"葭"，葭与赊同音，故用音译法借"荼"表示茶，读赊音。到了唐代，为了与读涂音的"荼"相区别，减一笔为茶。从文献记载看，最早利用和栽培茶树的是西南的巴族，西周初年已在园圃中种茶和向中原王朝贡茶了。汉代四川已出现茶叶交易的市场。巴蜀在相当长时期内是我国茶叶生产中心。魏晋南北朝时期，茶叶生产推广到长江中下游及以南地区，饮茶也开始在江南流行。入唐以后，饮茶习俗风靡全国，由士大夫波及寻常百姓，由城市波及农村，成为"无异米盐"、"难舍斯须"的生活必需品。饮茶习俗还传到西北和西藏的游牧民族中。这些民族食肉饮奶较多，而茶叶有助于肉类食物的消化，因而特别喜欢和特别需要茶。从唐代开始，茶叶成为中央政府向北方和西藏诸民族换取军马的主要物资。这种交换被称为茶马贸易。上述情形推动了唐宋以来茶叶生产的大发展，植茶地区更加扩大。唐代产茶地有 50 多个州郡，相当于现在云南、四川、贵州、广东、广西、福建、浙江、江苏、安徽、江西、湖北、湖南、河南、甘肃、陕西等 15 个省区。出现了一些名茶产区和大规模专业化茶场。如长城县（今浙江长兴县）顾山茶场，采茶时役工达 3 万人。唐贞元以后开始征收茶税，后来又实行由政府控制茶叶生产和流通的禁榷制度，茶税遂成为政府的重要财源。

明代，随着市镇的繁荣和饮茶方式的改进（由煎饮简化为泡饮），茶越发成为大众化的饮料。明代继续以茶储边易马。清代，由于农牧区军事对峙局面的结束，官方或半官方的茶马贸易停止，但农牧区之间以茶叶为重要内容的民间贸易更广泛地展开。同时茶叶又成为对外贸易最重要的物资之一。17世纪以前，华茶对外贸易多限于亚洲诸国。17世纪中叶，中国红茶传入欧洲，从此欧洲成为中国茶的贸易对象。鸦片战争后，茶叶输出数量激增，我国茶叶生产，尤其粤、湘、赣、闽、浙、皖等省，有较大发展。但从光绪中期起，英、荷在印度、斯里兰卡、印尼等地发展种茶，打破了我国对国际茶市的独占局面，又导致了茶叶生产的凋敝。我国的茶叶种植，9世纪传到日本、朝鲜。17世纪以后，欧洲许多国家从我国引进茶种，开始种茶。从此，我国的茶叶传遍了世界，这是我国对世界农业文化的重要贡献之一。

烟草是明清时代引进的一种嗜好作物。它原产于美洲，16世纪末17世纪初从吕宋（菲律宾）传入台湾和福建漳、泉，再传入内地。其名初音译为"淡白菰（音 gū）"。广东所种烟草，则由越南传入，亦有来自福建的。明末清初，又有从朝鲜把烟草传入东北的。烟草能祛瘴辟寒，成为大众之嗜好品，很快就传遍大江南北、长城内外，形成许多地方名烟和集中产区。烟草是明清时代发展最快的经济作物之一。至鸦片战争前夕，烟草和粮食争地已成为突出的问题。

琳琅满目话园圃

（1）园圃的起源和分化。园圃是我国传统农业的一个术语。大约成书于战国时代的《周礼》，把要让所有老百姓分别担任的职业划分为9种（"九职"），其中有"园圃毓（音 yù，繁育）草木"一项。汉代大经师郑玄解释说："树（种）果蓏（音 luǒ）曰圃，园其樊也。"蓏是瓜类果实，果蓏泛指果树蔬菜等。这是说，用樊篱圈围起来繁殖果树蔬菜等"草木"的，叫做园圃。先秦时代，园圃的经营范围与今日园艺业相仿，但往往同时繁殖染料、药材、观赏植物、经济林木等。后世独立的花卉业、药材种植业和经济林木的种植，在一定意义上是从园圃中分化出来的。

我国园艺作物的起源很早，在新石器时代遗址中已有多处发现蔬菜种子，如陕西西安半坡和甘肃秦安大地湾出土十字花科芸薹属的蔬菜种子，河南郑州大河村出土莲籽，浙江余姚河姆渡出土葫芦籽等。不过在很长时期内蔬果或跟谷物混种在一起，或者种在大田的疆畔、住宅的四旁。园圃，即种植果树蔬菜等物的农用地，是通过两条不同途径产生的。其一，从"囿"中分化出来。上古，人们把一定范围的土地圈围起来，保护和繁殖其中的某些草木鸟兽，这就是囿。在囿中的一定地段，可能由保护发展到种植某些蔬菜果树等。其二，是从大田中分化出来的。如西周时拨出一些耕地，秋收后修筑坚实充当晒场，平时种些生长期短的蔬菜，有时也种粮豆。这就是园圃的雏形，所以后来管理园圃的人又称场人、场师。不过这时的场圃仍未完全和大田谷物生产相分离。专业化的园圃的出现是西周末至春秋时期的事。这时已有专门种桃李瓜果的园圃，有专门经营园圃业的"老圃"和专门管理园圃业的"场人"了。

战国以前的园圃虽然已和大田农业分离，但园圃内部则是园圃不分。秦汉时代园和圃已各有其特定的生产内容。东汉许慎所著《说文解字》中就有种菜曰圃、树果曰园的说法。东汉王充在《论衡》中也说："地性生草，土性生木。如地种葵韭，山树枣栗，名曰美园茂林。"这些都说明蔬菜生产和果树生产更加独立化和专业化了。当时除了地主和农民作为副业的园圃外，还出现了大规模商品性的园艺生产和果树的名产区。《史记·货殖列传》说：在安邑（今山西夏县运城一带）种千棵枣树，在燕秦（今陕西及河北北部一带）种千棵栗树，在蜀汉、江陵（今四川、陕南、湖北一带）种千棵柑橘或在"名国万家之城"的近郊种一千畦姜韭，其收入相当于一个千户侯。

从《诗经》的有关诗篇看，周代的园圃中除果蔬外，还种植经济林木，如桑、檀、椅、桐、梓、漆等。春秋战国时出现了漆园、桑园、竹园等。秦汉时经济林木的种植规模更大，似乎已从一般的园圃中独立出来。当时在淮北、常山以南，黄河济水之间种千棵楸（音 qiū）树，陈夏（今河南淮阳一带）种千亩漆树，齐、鲁（均在今山东境内）种千亩桑麻，渭川（关中平原）种千亩竹，亦可富如王侯。《齐民要术》中分别有种桑、柘，种榆、白杨，种棠，种穀（音 gǔ）、楮（音 chǔ），种漆，种槐、柳、楸、梓、梧、柞，种竹的专篇，都是单独种植的。书中还介绍了栽培技术，计算了商品性经营的利润。这些都表明经济林木已成为独立的生产部门。

我国古代经济林木种类繁多，除供饲蚕的桑以外，漆和竹比较重要。漆可做涂料和入药。我国对漆树的利用可追溯到原始时代，浙江余姚河姆渡新石器时代遗址出土了迄今世界上最早的漆器——一个涂上红漆的圈足木碗，比传说尧舜时代使用涂漆的食器还要早。我国种漆不晚于周代。战国时已有不少漆园，庄周就曾当过管理漆园的小吏。在云梦发现的秦律中也有关于漆园管理和奖惩的规定。《周礼》中也谈到"漆林之征"，即对漆林征税。这些都说明种漆和制漆很早就是我国农业重要的生产项目。中国以精美的漆器闻名于世。漆器的另一重要生产国日本的漆树也传自中国，时间不晚于 6 世纪。竹与古代人民生活关系特别密切，它不但被用来制造各种生活用具和生产用具，在纸发明以前，还是主要的书写材料。竹又可作箭杆、乐器，竹笋可以供馔（音 zhuàn）、入药，南方还有利用竹纤维织布的。故历史上有"不可一日无此君"之说。我国南方盛产竹自不必说，自先秦至两汉，黄河流域也有不少野生、半野生和人工栽培的竹林与竹园。晋代出现了我国第一本《竹谱》。穀和楮是同一树种的异称，是古代造纸的重要原料。宋代发行的纸币，多用楮皮纸制作，所以又称楮币，从《诗经》的有关篇章看，不晚于周代已在园圃中繁殖了。上文提到的檀、楸、桐、柳等，则是古代重要的用材树。除了上述主要生长在黄河流域的树种外，南方经济林木的种类也不少，其中木本油料的油桐、乌桕（音 jiù）、油茶等比较重要。

我国虽在先秦时代已有关于花卉植物和种植花卉的记载，但很长时期内，花卉主要种植在王室、贵族、富豪的园苑中。花卉成为民间独立的生产部门，还是唐宋时代的事情。当时随着城市经济的发展，一些城市以盛产花卉著称，出现大型花圃和专业的园户和花户。洛阳盛产牡丹，号称花都，每当牡丹盛开时，园户集中在天王院花园子进行买卖。当时还有专业的接花工。陈州牡丹比洛阳还盛，"园户种花如种黍粟，动以顷计"。号称"小洛阳"的彭州，多有"植花以侔利"的花户。南宋临安（今杭州）近郊的马塍，广州城西的花田，均以盛产花卉著称，这些反映了花卉业已从园圃业中分离出来。

我国古代农业与医药有密切关系。传说神农尝百草，同时发明了农业和医药。长期以来，我国所用药草绝大部分采自野生植物，小部分人工栽培，一般是依附于园圃业中。唐宋时代，一些士大夫和地主继续在园圃中栽种药草。农学家陈旉也曾在西山"种药治圃"，科学家沈括晚年寓居润州梦溪园时也栽植地黄等药草。在唐末韩鄂所著《四时纂要》中，后来主要充当药物的决明、牛膝、牛蒡、黄菁（黄精）、苍术、枸杞、百合等，仍被作为食用蔬菜栽培。另一方面，较大面积的商品性药草种植亦已出现。如宋代绵州彰明县4个乡种附子104顷，占耕地面积的20%。附子收获后多售与陕辅、闽浙商人和当地士大夫。元代《农桑辑要》卷六专辟《药草》一篇，介绍了20余种药材的性状和栽培法，在传统农书中是一个首创，反映了药草种植业的发展。

（2）蔬菜种类与构成的古今变迁。在我国历史上，栽培蔬菜的种类虽然有出有进，但总的来说是不断增多的。殷周时代人们食用的菜蔬，采集的多于栽培的。《诗经》中记载食用蔬菜20多种，但根据现有资料能确定为人工栽培的只有三四种。汉代，据西汉《氾胜之书》，东汉崔寔《四民月令》和张衡《南都赋》统计，栽培蔬菜有21种。北魏《齐民要术》增至35种。以上基本上反映各个时代黄河流域情形。至清末吴其浚的《植物名实图考》，收录蔬菜已达176种之多。我国栽培蔬菜种类之多，可以说在世界上是首屈一指的。

这众多的栽培蔬菜的来源，大致有以下几个方面：

第一，由我国先民逐步直接从野生植物驯化而来。根据有关考古和文献资料，我国最早驯化的蔬菜有瓜、瓠（音 hù，葫芦）、韭、葵、芸（芸薹）等。传说周族先祖弃，从小就是种瓜能手，这应该是原始社会晚期的事。在《诗经》中，诗人还用瓜实的绵绵不绝比喻周族的起始与繁昌。先秦古籍中的"瓜"是指果菜兼用的甜瓜。早在距今7000年的浙江河姆渡遗址已有葫芦籽出土，《诗经》中反映了葫芦已被种植。我国应是栽培葫芦的起源地之一。上古时代葫芦的用途很广，不但其嫩叶嫩瓜可供采食，老瓜的硬壳亦可作容器和涉水工具等。在相当程度上反映了夏代农事的《夏小正》中，韭已是园圃中的作物。栽培葵的明确记载虽然始见于春秋时代文献，但腌葵和腌韭在先秦都被作为祭祀物品，说明它们都有悠久的利用和栽培的历史。因为祭祀为了表示不忘本始，往往保留十分古老的生产习惯和生活习惯。十字花科芸薹属蔬菜也是最早被驯化的蔬菜之一。在陕西西安半坡和甘肃秦安大地湾新石器遗址中，已出土这类蔬菜的种子。《夏小正》中也有"采芸"的记载。

几乎所有粮食作物都是原始农业时代所驯化的，蔬菜则不同，相当一部分是进入文明时代以后才逐步完成其驯化过程的。例如蘧（音 qú）又称苣（音 jù）、苣（音 qǐ），也就是苦荬菜，先秦时代仍是采集对象，《诗经》中就谈到"采苣"，到魏晋南北朝时已被栽培了，《齐民要术》把它列于栽培蔬菜之中。薤（音 xiè，即藠头）、蓼、蘘荷也大致属于这种情形。

在我国驯化和栽培的蔬菜中，有相当一部分是水生的，其起源也可以追溯到原始时代，如河南郑州大河村遗址出土的莲籽，浙江余姚河姆渡出土的菱角。但很长时期内它们只是采集的对象。战国秦汉，随着人工陂塘的发展和综合利用，水生蔬菜也就更多地被人们所栽培。《齐民要术》开始记载若干水生蔬菜的种植方法。水生蔬菜种类有莲藕、菱角（古称芰，音 jì）、鸡头（古称芡，音 qiàn），均可兼作救荒作物。还有莼菜（古称茆，音 máo）、水芹、蕹菜等。

我国对菌类的采食估计先秦时代已经开始，最早的词典《尔雅》就有关于菌的记载。但栽培食用菌则较晚，始见于唐韩鄂所著《四时纂要》。南宋陈仁安作《菌谱》，仅浙江台州地区利用的食用菌就有 11 种。

第二，原来已经驯化的蔬菜，在长期人工栽培过程中，演变出新的栽培种，或者发现新的利用方式。例如，《齐民要术》始有记载的越瓜（菜瓜），就是甜瓜的变种。十字花科芸薹属的蔬菜，先秦时代往往统称之为葑或菲，后来逐步分化为蔓菁、芥和芦菔（音 fú）。大概在汉魏之间，江南人民又在当地栽培的芜菁中培育出新变种菘（音 sōng），即白菜。蒜，原来只是利用其鳞茎，唐代人们懂得培养蒜薹供食用。韭菜原吃叶，唐代也吃韭花。竹，原是用其材，但不晚于春秋时代，人们已把竹笋作为蔬菜了。

第三，从原来的粮食作物中转化而来。例如芋是一种古老的粮食作物，我国南方可能是其起源地之一，在黄河流域种植也不太晚。楚汉战争时人们还把它当作杂粮。但在《四民月令》和《南都赋》中，均列为园圃植物。薯蓣，即山药，也有类似情形，后来还成为重要药材。值得一提的是茭白，它是禾本科植物，名菰（音 gū，又作苽），原来主要利用其籽实，称雕胡（菰米），曾是古代"六谷"之一。雕胡饭柔滑美味，唐诗中还有提到它的。雕胡由于被黑粉菌所寄生，不能结实，茎的基部畸形发展，形成滋味鲜美、营养丰富的菌瘿（音 yǐng），这就是茭白。国外也有收集菰米为食的，但利用和栽培菱白则是我国的独特创造。菱白的最早记载可追溯到先秦，晋代已成为江东名菜，至今仍为人们所喜爱。

第四，在国内各地区各民族农业文化交流和中外农业文化交流中，也引进了一批新的蔬菜。这种引进，先秦时代已在进行。如齐桓公伐山戎，在引进戎菽的同时也引进了冬葱，即大葱。据考证，我国西南民族地区是姜的原产地之一，古人有所谓"南夷之姜"的说法。汉魏时，巴蜀所产的姜，还是名重于时的。但不晚于春秋时代，姜已进入中原地区的园圃之中了。与"南夷之姜"齐名的是"西夷之蒜"。中原原来也有蒜，但蒜瓣小。汉代从西域引进了瓣大的"胡蒜"，又称大蒜，中原原有的蒜则称为小蒜。汉魏时代，在张骞通西域以后通过西域传到中原的蔬菜，除胡蒜外，还有原产中亚的胡荽（音 suí，香菜）、原产喜马拉雅山南麓的胡瓜（黄瓜）和胡豆（豇豆）、毕豆（豌豆，亦有人称之为胡豆）等。隋唐时代又从"呙国"引进莴苣（音 wō jù，莴笋，生菜即其变种），从大食（阿拉伯帝国）引进君达菜（或作莙荙，叶用甜菜），从泥婆罗（尼泊尔）引进菠薐菜（即菠菜）。原产西亚的胡萝卜，宋代也已传入我国。原产中亚的洋葱的传入则不晚于元代，时称胡葱或回回葱。原产美洲的一些蔬菜也陆续传到我国。早在元末明初，南瓜已见于《饮食须知》一书中。1492 年哥伦布发现新大陆以后，又有辣椒、番茄、菜豆、菜花等相继传入。

引进的蔬菜经过我国人民的改造，面目一新，发展迅速。例如，原来瓜小肉薄的黄瓜，在我国人民培育下提高了品质，并育成许多适应不同季节和气候条件的新品种，成为最重要的蔬菜之一。番茄、辣椒明代传入后相当时期内仍是观赏作物，清代开始作为蔬菜栽培，现全国均已栽种。我国现在拥有世界上最丰富的辣椒品种，包括各种类型的甜椒，成为菜椒品种的输出国。北京的柿子椒引种到美国，被命名为“中国巨人”。

我国历史上的栽培蔬菜不但种类不断增加，而且构成也发生了巨大变化。如葵菜在宋元以前长期是我国主要栽培蔬菜之一，唐宋以后逐渐衰落，至明代已很少有人种植了，因而李时珍的《本草纲目》把它列入草部。资格颇老的蓼、荠、蘘、荷、藘等，也相继回复到野生状态。还有一批园圃作物向油料和药材转化，如《南都赋》提到的蕺（音 jí，即鱼腥草），《四民月令》提到的葶苈、莨菪子和《四时纂要》中的黄精、枸杞等，后来都主要作为药草栽培。蔬菜转化为油料的，除芸薹外，还有苏。另一些古老的蔬菜，如十字花科类的蔬菜，则在发展中不断更新，保持并提高了其显赫的地位。上文谈到的菘（白菜）在江南育成后，虽然深得南方人民喜爱，但相当时期内只能在南方种植，移到北方就变回芜菁。唐宋以后，经过世世代代的努力，随着栽培技术的改进和品种的改良，白菜终于在北方也扎下根。尤其是明中期以后培育出了不同于原来散叶型的结球白菜，即今天的大白菜，其产量高、品质好、能冬储，终于和萝卜一起，取代了葵的地位，成为最大众化的主要蔬菜，同时也被世界各国所广泛引种。许多引进的蔬菜也在我国的菜圃中占据越来越重要的地位，使我国蔬菜生产日新月异，共同丰富了中国人民的餐桌。

（3）中华佳果满天下，天下佳果集中华。我国栽培果树种类繁富。世界上有三个最大的果树原产地，我国占了两个，即华北地区、华南及其毗邻地区。世界上另一个果树原产中心是南欧。以华北为中心的果树原产种群，包括许多重要的温带落叶果树，如桃、杏、中国李、栗、枣（以上古称"五果"）、中国梨和柿等。它们的驯化者当系居住在黄河流域的华夏族先民。桃，原来西方学者误认为起源于波斯。但我国有桃的野生种和近缘种的分布，拥有各种不同的品种类型，有文字记载的栽培史也在 3000 年以上。《诗经》中有《园有桃》篇，《左传》中有以桃名园的。我国无疑是桃的原产地。杏、李、枣、栗、梨的种植，在先秦古籍中已有明确记载。种柿的记载，则见于汉代文献。原产我国南方的，则是一些常绿果树，如柑橘类果树（通常讲的柑橘，包括柑橘、橙、柚等繁多的种类）、荔枝、龙眼、枇杷、梅、杨梅、橄榄、香蕉等，它们是我国南方各族所驯化的。新疆也是著名的瓜果之乡，是柰（绵苹果）、胡桃、新疆梨等的原产地，盛产葡萄和哈密瓜。出产于华南和新疆的这些果树，除个别的以外，大多数是在秦汉帝国建立后，随着各地区各民族农业文化交流的进一步开展，才逐步为中原人所知，见于载籍，以至在中原运销或种植。

南方出产的佳果如柑橘、荔枝、龙眼等，深得中原人民的喜爱。如据《尚书·禹贡》记载，夏禹时百越族系活动的扬州的贡品中就有柑橘一类果品，汉代的交趾刺史部（包括今两广和越南北部）曾设橘官主持每年上贡柑橘的工作，交趾还曾经用驿骑每年向中央政府长途运送鲜荔枝。中原人积极引种南方的果品，梅是最早引种中原并获得成功的。《诗经》中已有北方梅树的记载。柑橘的产区从华南发展到长江流域，但再往北，在黄河流域栽种就因气候条件限制而未获成功。正是由于反复引种的失败，先秦时代才形成了"橘逾淮而北为枳"（《周礼·考工记》）的谚语。汉武帝时在长安附近的上林苑中广植从各地征集而来的名果异卉，这是由皇帝组织的一次大规模的引种试验。其中又建扶荔宫，专门移植征服南越后得到的南方果木荔枝和香蕉、龙眼、槟榔、柑橘等，但始终没有取得成功。相比之下，新疆出产的一些水果向黄河流域传播要顺利一些。如绵苹果西汉时在中原引种成功。而它在东传中首先到达的河西走廊则成为绵苹果的中心产区，并培育出"大如兔头"、美味晚熟的"凉州白奈"。

除了本土驯化的果树以外，我国历史上还不断从国外引进新的果树种类。汉魏时有葡萄、石榴，隋唐时有扁桃（巴旦杏）、胡榛子（阿月浑子）、无花果（底称实）、油橄榄（齐暾树）、树菠萝（婆那娑）、海枣（波斯枣）等。现在我国北方的主要栽培果树西洋苹果则是1870年由美国传入的，由烟台、青岛而普及于黄河中下游。西洋梨也是19世纪后期引进的。

世界上的果树近40科，目前我国栽培果树分属37科，300余种，品种不下万余，世界上绝大多数的果树，都能从我国看到。

"六畜"、家蚕及其他

在我国，与"五谷"相对应的有"六畜"。人们往往用"五谷丰登"、"六畜兴旺"的春联表示对新年的希望。"六畜"这个词春秋时代就有，它的含义很明确，指马、牛、羊、猪、狗、鸡。这里的"畜"犹言家养。六畜就是指当时6种主要的家养兽类和禽类。它们在我国新石器时代均已饲养，据近人研究，它们的野生祖先多数可在我国找到，说明它们大多应是我国先民独立驯化的。稍晚饲养的还有鸭和鹅。"六畜"作为对我国畜种的概括，是就农区特别是黄河流域情况而言的。游牧民族的牲畜种类与构成与此有明显的不同，在内蒙古阴山山脉西段的狼山地区发现许多反映北方游牧民族早期生产生活情况的岩画，从中可以看出，他们的牲畜以羊、马最多，次为骆驼和狗，牛较少，有驴和骡，但不见农区最主要的家畜猪和鸡等。以上这些合起来就是我国历史上的主要畜种。

人们对牲畜的利用方式，按其发生的历史顺序有猎用、肉用、役用3种；按牲畜的主要用途也可相应分为猎用、肉用、役用3类。在农业时代，牲畜则主要是供肉用和役用的，下面分别予以简单介绍。

①肉乳蛋的活仓库。我国是世界上最早养猪的国

家。在新石器时代遗址出土的家畜遗骨中，猪骨占绝对的优势，猪的下颚骨还常被用于随葬。从那时起，猪一直是中国农区的主要家畜。在农区，不论地主或农民，几乎家家都养猪。孟子认为一个合格的个体农户，应该饲养两头母猪。猪是农区人民肉食的主要来源之一，同时还为农业提供肥料。我国农区很早就实行舍饲与放牧相结合的饲养方式。考古发现了许多汉代的猪圈，这些猪圈往往与厕所相连，它是为了便于农家积肥而设计的。汉代猪圈称圂或溷（音 hùn），但圂可以解释为厕，厕也可以解释为圂，表明猪圈和厕所是相互结合的。而"溷中熟粪"，即腐熟的人畜粪溺是当时的上好肥料。直到近代，北方农村还有这种连厕圈。唐宋以后，由于精耕细作农业和城镇经济的发展，猪在农区畜牧业中的地位更加提高。如宋代末年的汴梁（开封），民间所宰的猪，要从南熏门赶进城，"每日至晚，每群万数"。而明代经营地主沈氏，称养猪为"作家（农业经营者）第一要着"。但猪是民间常畜，一般不入官牧，在"官本位"的古代，在六畜的排名中竟屈居马牛羊之后，居第四位。直到中华人民共和国成立后，才为猪平了反，明确猪为六畜之首。我国家猪是由华北华夏族和南方百越族先民分别驯化当地野猪而育成的。至汉代，中国家猪已形成大耳型华北猪和小耳型华南猪两大类型。华南猪以早熟、耐粗饲、肉质好、繁殖力强著称于世。罗马帝国曾从汉帝国引进华南猪来改造本地猪种，育成了罗马猪。英国18世纪初引进了广东猪，由此产生的杂交种很快代替了本地猪种。著名的英国约克夏猪、美国波中猪都是用广东猪改造本地猪的结果。

羊也是中原农区的重要肉畜。黄河中下游养羊不晚于龙山文化时期。史书上养羊、贩羊、食羊的记载很多。古代食用牲畜似乎也分等级。羊被广泛用于士大夫之间的宴客、馈赠、赏赐等，主要供富人食用，一般老百姓则主要食用猪、鸡、狗。在中唐以前这种情况尤为明显。在游牧民族那里，羊更是畜群的主体，往往占牲畜总数的 90% 以上，是游牧民的主要衣食之源。原居住在甘肃、青海一带的羌人，很早就形成以羊为主的畜牧经济，因而被称为"西戎牧羊人"。甲骨文中羌（ᏻ）字从羊从人，像戴着羊头面具的人，可能反映了羌人以羊为图腾的习俗。随着羌人的南迁，羌人所饲养的绵羊种广泛分布于今日西藏高原和四川、云南、贵州一带。中原绵羊种最初大概也是羌羊的血统，所以甲骨文中羊字所示羊角多作盘屈状，与今日藏羊相似。北方的骑马民族养羊也很多。汉武帝时与匈奴打仗，曾一次虏获"羊百余万"。据史书记载，蒙古人"牧而庖（庖即庖厨，指供食用）者，以羊为常"。随着中原人与北方游牧民族各种形式的交往，蒙古绵羊扩散到华北的广大农村。中国古代还有一种大尾羊，拖着一条一二十斤重的大尾巴，贮存着厚层脂肪，可以在活羊身上割取脂肪，取脂后能自动修复，像一个活的贮脂器。从我国古籍记载看，它分布于中亚、新疆和河西走廊一带，唐宋以后逐渐传入中原。蒙古羊和大尾羊的大量引入，使农区的绵羊形成不少新的品系。除了绵羊以外，还有山羊，无论农区牧区、南方北方都有广泛的饲养。

鸡是最早饲养的家禽。以前人们认为家鸡起源于印度。但河北武安磁山新石器时代遗址出土的家鸡遗骨比印度的有关发现早得多，家鸡的野生祖先原鸡在我国有广泛分布，我国无疑是世界上最早养鸡的国家。养鸡最初可能是为了报晓。磁山家鸡多为雄性，甲骨文中的鸡字是雄鸡打鸣时头颈部的特写，都包含了这样一种信息。但鸡很快成为常用的供食用的家禽。农民养鸡甚至比养猪更普遍。鸭和鹅是分别从凫（音 fú，野鸭）和雁驯化而来的，又称舒凫和舒雁。我国人工饲养鸭鹅，时间不晚于商周。鸡鸭鹅合称三鸟，是我国人民肉蛋主要来源之一。历史上，随着人口增加，牧地减少，家禽饲养在畜牧业中的地位越来越重要。我国古代人民还培育出不少优良家禽品种，如药用珍品的泰和鸡（丝毛乌骨鸡），被誉为世界肉用鸡之王的九斤黄、蛋肉兼用的狼山鸡以及北京鸭等。这些名禽近世传到欧洲后，对当地养禽业的发展和家禽新良种的育成起了很大作用。

狗是最早的家畜，驯化于狩猎经济时代。最初就是人们行猎的助手。进入农业时代以后，狩猎活动减少，狗的助猎作用也相对减退，而一度成为重要肉畜。先秦农家养狗和养猪鸡一样普遍。汉代还有"狗屠"的职业。但在这以后，狗作为肉畜的地位逐渐下降。《齐民要术》中关于畜禽生产技术部分已经没有提到狗。但在南方的一些地区，吃狗肉的习俗仍然长期保留着。在牧区，用狗帮助牧羊，则是从助猎演变而来的。

（2）服牛乘马话役畜。人类饲养马和牛最初也是为了吃肉。《穆天子传》记载周穆王西游，沿途部落国家往往用"食马"接待他，动辄献上几百匹，可见周代西部民族还保留了以马供食的习俗。中原地区牛马转为役用，传说在黄帝时代，"服牛乘马，引重致远"。这里的"乘"不是指骑，而是指驾车，我国大概是最早用马驾车的国家。商周时打仗、行猎、出游都用马车。骑马是对马的利用上的一次飞跃，它是北方游牧民族发明的。这种把人的能动性和马的高速灵活相结合的骑术，使牧人能驾驭庞大的畜群，发展大规模游牧经济，并进而使分散的游牧部落联合成统一的游牧民族。骑术的发明使马在游牧民族中具有特殊地位。我国北部西部少数民族养马十分繁盛，并培育了许多优良马种。北方民族发明骑术并形成强大力量后，中原各国也纷纷学习骑术，建立骑兵。赵武灵王"胡服骑射"就是典型事件。秦汉以降，历代王朝均在边郡和内地适宜地方设置牧场，大养其马。民间养马业也有发展。中唐以后，国营的和民间的养马业均逐步衰落。政府又用茶马贸易、绢马贸易等方式从少数民族地区取得马匹，这一套管马、养马、买马的机构、政策和办法，就是所谓马政。马政是历代封建王朝的重要职能之一。中原农区的马也被用于农耕和运输，但主要用于军事，为统治阶级服务。所以旧时马被奉为六畜之首。

在中原农区，牛被用来驾车运输后，在很长时期内还同时被用于祭祀、燕享，为人们提供肉食。战国秦汉以后，随着犁耕的普及，耕牛的重要性日增，被认为是耕农之本，国家命脉所寄。从秦汉起，政府一般禁止宰杀耕牛。其积极意义是保护了农耕动力，其消极影响是限制了菜牛的发展，古代农区人民也没有饮牛奶的习惯。由于荒地的日益垦辟和牧地的相应减少，中国封建社会后期经常感到耕牛的供不应求。牧区养牛是为了取得乳肉皮革，同时也用于驮运，它并非纯粹的肉畜或役畜。

我国古代驯化的牛种有黄牛、水牛、牦牛、犎（音 fēng）牛 4 种。黄牛主要分布在黄河流域、淮河流域及其以北地区，是华夏族先民首先驯化的。水牛主要分布于长江流域及其以南的水稻产区，是水田耕作的主要畜力，其驯化者是百越族先民。水牛古称吴牛，长江下游大概是它的主要起源地之一。牦（古作犛、氂等）牛又叫犝（音 lí），主要分布于西南地区，是氐羌族人民所驯化的。羌人中有一支以牦牛命名，叫牦牛羌或牦牛夷。在藏族传说中，吐蕃的始祖源于六牦牛部，亦与牦牛夷有关。目前西藏仍是世界上牦牛的主要产区。牦牛适应高寒山地，是一种肉、乳、毛、役兼用的家畜。早在商周时代，羌人的牦牛产品如牦牛尾就传到中原地区，作为旌旗的饰物。羌人的牦牛商队所经过的道路称为牦牛道。犎牛，西名瘤牛。这种牛的特征是鬐甲部有肉峰。以前一般认为它起源于印度，实际上我国岭南也是其起源地之一。历史上，岭南和西南少数民族都有饲养犛牛的。

骡、驴、骆驼是北部和西部少数民族首先饲养的。中原人称之为"奇畜"。大概战国前传入中原，但西汉初仍较稀罕。西汉中，"蠃（骡的异体字）驴馲驼（骆驼），衔尾入塞"。东汉，驴成为"服重致远，上山下谷，野人之所用"的常畜。骡到封建社会后期，也成为中原农区的主要役畜。骆驼则在加强中原与北方民族以及中亚的经济文化联系方面起了巨大作用。

此外，南方百越族系及其后裔曾驯养和役使象，其时间上追溯到殷周，下延续至明清。

（3）从"以暴为邻"到"功被天下"。我国是世界上最早养蚕缫丝的国家，而且在很长时间内是唯一这样的国家。在棉花传到长江流域和黄河流域以前，蚕丝是我国最重要的衣着原料，蚕丝织物是农牧经济交流和对外贸易的主要物资。蚕桑成为我国古代农业中仅次于谷物种植业的重要生产项目。蚕是以桑叶为食的。在采猎经济时代，人们对桑树是利用其果实——桑椹，这时无节制地啮食桑叶的野蚕对于人类无疑是有害的。后来，原始人大概是在采食野蚕蛹的过程中发现蚕丝是优质纤维，逐渐从采集利用到人工饲养，把野蚕驯化为家蚕，栽种桑树主要则是为了养蚕。这样，蚕对人类就由有害变为有益了。战国时大思想家荀况写过一首《蚕赋》，说蚕"名号不美，与暴为邻（蚕与残暴的残同音）"，但"屡化如神，功被天下"。这种说法并不过分。把蚕从"残"桑的害虫变为"功被天下"的益虫，的确是我国古代劳动人民的伟大创造。

据古史传说，我国养蚕始于黄帝时代。距今5000年左右的河北正定南阳庄遗址，出土了仿家蚕蛹的陶蚕蛹。距今4700年的浙江吴兴钱山漾遗址则出土了一批相当精致的丝织品——绢片、丝带和丝线。家蚕的驯化很可能是距今5000年前在黄河流域和长江流域等若干地区同时或先后完成的。从《诗经》、《尚书·禹贡》等文献看，先秦时代蚕桑生产已遍及黄河中下游，人们不但在宅旁园圃栽桑，而且栽种成片的桑田、桑林。丝织品种类也很多。齐鲁地区（山东）在先秦至汉代是蚕桑业最发达的地区，荆楚地区（湖北湖南）和巴蜀地区（四川）蚕桑业也颇发达。汉末到南北朝，黄河流域蚕桑业因战乱受到一定程度的破坏，但优势仍在，尤其是华北大平原的北部发展成为新的蚕桑生产中心。这一时期，蚕桑业在长江下游也获得较快发展，并传播到新疆、东北、西藏等地。隋唐统一后，黄河中下游蚕桑业进一步发展，当时政府征收的丝织品大部分来自这一地区。安史之乱后，随着全国经济重心的南移，北方蚕桑业的优势逐渐消减。北宋时，全国25路之一的两浙路向政府缴纳的绢䌷占了全国总数的1/4，尤以嘉兴、湖州一带蚕业最盛。但河北、京东诸路所产"东绢"质量仍然名列前茅。从宋末到明代棉业勃兴，蚕桑业在全国许多地方趋于萎缩，尤其是华北平原在明代发展成为新的棉花生产中心，长期处于优先地位的蚕桑业式微了。但南方某些地区，特别是嘉湖地区，蚕桑生产继续保持繁荣。清代，在蚕丝出口的刺激下，嘉湖及其邻近地区蚕桑业进一步发展，

珠江三角洲也成为重要的蚕桑产区。我国蚕业对世界农业文化也是一大贡献，许多国家最初的蚕种和养蚕技术都是由中国传去的。早在公元前12世纪，中国的"田蚕织作"就传到了朝鲜，2世纪末3世纪初经朝鲜传到日本，6～7世纪循丝绸之路经波斯传到阿拉伯和埃及，8世纪传到西班牙，以后传遍地中海各国。15世纪传到法国，16世纪末或17世纪初传到俄罗斯的欧洲部分。我国人民驯化的家蚕，真的是"功被天下"了。

除家蚕外，柞蚕也是我国利用的绢丝昆虫之一。首先采收和利用柞蚕丝的，是先秦时代山东半岛的"莱夷"。明中叶以后，放养柞蚕成为山区农家的一项副业，形成一套比较完善的技术，并由山东先后传到黄河中下游和东北的辽宁、西南的川黔等省。18世纪传到朝鲜、日本和俄罗斯。

我国古代饲养的比较重要的经济昆虫，还有蜜蜂和白蜡虫。这里就不多说了。

（4）水产养殖的起源和发展。人类从事捕鱼早于农耕，进入农业时代后，捕鱼从未停止，同时又出现了人工养鱼。我国人工养鱼起源于商周。当时在帝王贵族园圃的一些池沼中，已有鱼类繁殖，但主要是满足统治者游乐或祭祀的需要，规模不大。春秋战国时期，随着蓄水灌溉的人工陂塘的兴起，人工养鱼突破了贵族园圃的范围，成为较大规模的生产事业。吴越是当时人工养鱼比较发达的地区。汉代出现了年产千石的大型鱼陂，又开始利用稻田养鱼。南朝时又出现用木栅栏截河道养鱼。人工养鱼的种类，最初主要是鲤鱼，我国是世界上最早饲养鲤鱼的国家。大约成书于西汉的《陶朱公养鱼经》集中谈了鲤鱼的人工饲养法。唐初，李唐王朝因忌讳鲤李同音，曾规定老百姓不得捕食鲤鱼，违者重罚。但这种禁令很快就停止实行。而唐宋时代，青、草、鲢、鳙等鱼的养殖也发展起来，形成我国的四大家鱼。这一时期，鱼种培育方式有较大改进。汉代是利用亲鱼产卵自然孵化。宋代直接从江河中捞取鱼苗来繁殖，并解决了鱼苗远途运输的问题，大大推动了人工养鱼业的发展。明清时代创造了家鱼混养的新经验，广东出现了基塘养鱼的方式。沿海和台湾人民在海涂凿池或筑堤养鱼，更扩大了人工养鱼的范围。贝类的人工养殖，始见于宋代文献，明清时期进一步发展，主要产区在福建、广东沿海，种类则有蚝、蛏、蚶等。我国采珠业有悠久历史，宋代开始试验人工养珠，明清已转入生产阶段了。

三 精巧实用 简而不陋

——传统农具的创新与演进

农业工具古称农器或田器，它是从事农业生产的不可缺少的手段，是农业生产力发展水平的重要标志。在我国古代农业发展的过程中，农具的质料、形制和使用的动力不断进步，创制了许多精巧的农具。这些农具适应了精耕细作农业技术的要求，体现了中国古代人民的智慧，有的对世界农业的发展产生过重要影响。

农具质料的几次重大变革

农业发生于新石器时代，人们最初用以制作农具的材料是石头、树枝、兽骨和蚌壳，而以石头为主。斧子在后世是一种木器加工工具，但在农业发生之初，石斧却是最重要的农具。因为当时实行刀耕火种，首先要用石斧把林木砍倒或砍伤，使之枯死，然后才能用火清理出可供播种的农地。石斧和点种棒曾经是原始农业的全部农具，而点种棒也往往要用石斧来加工。

后来发明了翻土农具，石头也是重要材质。例如石斧稍加改装，使刃底由与木柄平行变为与木柄垂直，就可作为石锄使用；在尖头木棒下端绑上薄刃石片，就成了石耜。石材还可以制作石刀、石镰等收割农具。在我国各地新石器时代农业遗址中，出土了大量石斧、石锄、石耜、石刀、石镰、骨耜、蚌耜、骨镰、蚌镰、角锄等农具（见图5）。木质农具因不易保存，出土较少，但从民族志的资料看，原始农业时代耜锄一类木质农具是很普遍的。

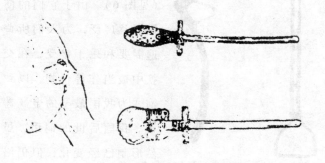

图5　耒耜和石刀（原始社会）

金属农具取代木石农具，是从青铜器的使用开始的。青铜是铜和锡的合金，用它制造的工具比木石工具坚硬、锋利、轻巧，这是生产力发展史上的一次革命。但青铜原料来源不广，其坚硬程度也不如后来的铁，因此青铜农具没有也不可能在农业生产领域把木石农具完全排斥掉。虞夏至春秋是我国考古学上的青铜时代。这一时期，主要手工工具和武器都是青铜制作的，在农业生产方面，青铜也获得日益广泛的应用。

商代遗址中已有铸造青铜锼（音 jué）的作坊，并出土了锼范，表明了青铜锼已批量生产。青铜锼类似镐，是一种横斫（音 zhuó，砍）式的翻土农具，用于开垦荒地，挖除根株，而任何木石农具都不能做到这一点。因此，青铜锼的出现是农业史上的一件大事。这大概是青铜占领的第一个农事领域。周人重中耕，中耕农具也是青铜制作的。《诗经》中记载中耕用的"钱"（音 jiǎn）和"镈"（音 bó），即青铜铲和青铜锄（见图 6）。由于它们的使用日益广泛，为人们所普遍需要和乐于接受，在交换中被当作等价物，以致演变为我国最早的金属铸币。我国后世的铜币，虽然形制已经变化，但仍沿袭"钱"这一名称，影响至于今日。青铜镰出现也很早，还有一种由石刀演变而来，用于掐割谷穗的青铜爪镰，这就是《诗经》中提到的"铚"（音 zhì），有柄的青铜镰则称"艾"。不过，当时石镰、石刀、蚌镰等仍大量使用，延续时间颇长。至于松土、播种、挖沟，仍然主要使用耒耜。周代耒耜已有安上青铜刃套的，但数量不多，基本上仍是木质的。由于使用青铜斧锛加工，商周木耒耜的质量当然优于原始时代。总的来看，商周时代青铜工具已日益在农业生产中占

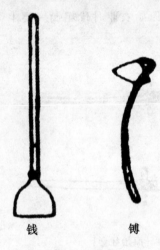

钱　　　　镈

图 6　钱和镈

据主导地位。

农具质料更加伟大的革命是铁的使用。冶铁业的发展不但能为农具制作提供比青铜更为坚韧适用的材料，而且它的原料来源更为广泛，因而铁农具比之青铜农具更容易普及。只有铁的使用才能最终完成金属农具排斥和代替木石农具的过程，只有铁的使用才能使犁这种先进的农具得到真正的推广，从而使农业生产力出现新的飞跃。

我国什么时候正式进入铁器时代目前尚难确言。据现有材料估计，大约是西周晚期到春秋这一段时间。从世界历史看，我国开始冶铁时间不算早，但冶铁技术的发展却很快。冶铁技术的发展，一般是先有块炼铁，次有铸铁，然后出现钢。块炼铁是在炼铁炉温不高的条件下由矿石直接炼成的熟铁块，含杂质多，松软，用途不大。铸铁是在炉温较高的条件下熔解铁矿石后所得到的含碳量较高的生铁。铁广泛用于制作农具是在铸铁发明之后。西欧从公元前 10 世纪出现块炼铁到 4 世纪使用铸铁，经历了约 1400 年，而从目前材料看，我国大概较快从使用块炼铁阶段进入使用铸铁阶段。春秋初年，管仲曾向齐桓公建议，用"恶金"（铁）铸造农具，以便把"美金"（铜）集中用于制造武器。又据史书记载，公元前 513 年，晋国曾向民间征收生铁作军赋，用以铸鼎。可见我国使用铸铁比西欧要早 1000 年左右。根据考古发现，我国在春秋战国之际又掌握了生铁柔化处理技术，使又硬又脆的生铁变成具有韧性的可锻铸铁。这些发明创造，尤其是可锻铸铁的出现，大大提高了铁的生产率，降低了成本，改善了质量，为铁农具的推广创造了十分有利的条件。目前，地下出土的战国中晚期铁农具已遍及今河南、河北、陕西、山西、内蒙古、辽宁、山东、四川、云南、湖北、安徽、江苏、浙江、广东、广西、天津等省市自治区。铁农具主要种类有镢、锄、锸、铲、镰和犁（见图7）。在中原（黄河中下游）地区，人们把使用铁农具耕作看作如同用瓦锅做饭一样的普通，木石耕具已基本退出了历史舞台。

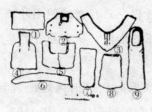

图 7   ①、②锄；③、V字形犁；④、⑤锸；⑥镰；⑦、⑧、⑨镢

到了汉代，铁犁又在黄河流域普及开来。

　　不过，汉代除用生铁铸造的大型犁铧和犁壁外，限于当时的技术条件，一般的可锻铸铁农具是器形较小、壁薄的铁口农具，耕作性能仍然欠佳，只有钢的使用才能解决这个问题。我国炼钢术出现颇早，春秋战国之际有块炼渗碳钢，汉代有铸铁脱碳钢和百炼钢等。但由于成本高，技术复杂，很少用于农具制作。魏晋南北朝时又发现了"灌钢"技术。即用生铁熔液灌入未经锻打的熟铁，使碳较快而均匀地渗入熟铁中，再反复锻打成钢。这是中国古代人民的一项独特创造，它提高了钢的生产率，为钢普遍用于农具制作创造了条件。宋代，灌钢法已流行全国，成为主要炼钢法，加之百炼钢技术也有进步，除了犁铧、犁壁为了坚硬耐磨仍用生铁铸造外，厚重的钢刃熟铁农具已代替了

小型薄壁的嵌刃式可锻铸铁农具。宋代出现的沼泽地开荒用的鋆（音 chì）刀，江南地区垦耕用的手工农具铁搭（四齿或六齿的铁耙），都是钢刃熟铁农具，对南方开发起了巨大作用，这是继铸铁使用后铁农具质料的又一次重大变革。

明清时期铁农具制作方法亦有所改进。明中叶以后，锄、锹、镬、镰等小农具一般采用"生铁淋口"的制作法，不需夹钢打刃，方便省时，成本低，而又坚韧耐磨，经久耐用。但这种方法不适用于犁铧、铁搭、犁刀等农具的生产，所以它对农业生产的作用不及铸铁农具和钢刃熟铁农具。

 耕播整地农具

（1）耒耜与耦耕。在铁犁广泛使用以前的漫长岁月，耒耜一直是我国的主要耕具。耒耜起源于传说的神农氏时代。耒耜是什么样的农具呢？从有关民族学的例证看，采集时代的掘土棒，农业发明以后演变成点种棒，在这种尖头木棒的下部安上一根供踏脚的横木，手推足蹴，刺土起土，就成为最初的翻土农具——木耒。为了操作方便，又把直耒改成斜尖耒。为增强翻土作用，又出现了双尖耒。在一些考古遗址的墙壁中留下各种耒使用的痕迹，甲骨文中也有它们的形象。如果起土木棒不是尖头，而是削成扁平刃，这就是木耜。我国西南部一些少数民族直到近代还在使用这类工具，在原始农业遗址中也有其实物遗存。可见耒和耜原是两种不同农具。耜的加工重点是刃部的砍削，耒柄要有一定弯度，常须借助火烤。故传说神农氏"斲（音 zhuó，砍削）木为耜，揉木为耒"。耜还可以安上石、骨、蚌质的刃片，使之更加锋利或耐用，耜于是成为一种复合工具。史前考古发现的所谓"石铲"、"骨铲"，许多实际上是不同质料的耜冠。土层深厚疏松，呈垂直柱状节理的黄土地区，很适合这种手推足蹠直插式翻土农具的使用。早在原始锄耕农业阶段，我国先民就用耒耜在黄河流域垦辟了相当规模的农田，发展了田野农业，并由此奠定了进入文明时代的物质基础。埃及、希腊等国文明时代破晓时已使用铜犁或铁犁了，我国先民却是带着耒耜进入文明时代的。前面说到，在我国青铜时代，垦荒和中耕已多用青铜农具，但耕播开沟用的耒耜基本上仍是木制的。

根据《诗经》、《左传》等文献的记载，我国上古时代普遍实行耦耕，这是两人配对简单协作的劳动方式。它的流行与耒耜的使用密切相关。由于手足并用，耒耜入土不难，但耒为尖锥刃，耜的刃部也较窄，翻起较大的土块却有困难。解决的办法是多人并耕，协力发土。但在挖掘沟洫的时候，少于两人诚然不方便，多于两人又会在狭窄的地段上互相挤碰，所以两人合作是最适宜的工作方式。由于开挖农田沟洫这种劳动很普遍，两人并耕操作成为习惯，这就是最初的耦耕。以后，耦耕又和农村公社换工互助的遗习相结合而固定化，但已不是刻板的"二耜为耦"的并耕了。耒耜与耦耕，也是我国上古农业的特点之一。

耒耜原指两件不同的农具，但当耜发展成复合农具，尤其是安上金属刃套以后，习惯把入土的刃体部分称为耜，耜柄则因形体相类而被称为耒，这样，耜有时也可称为耒耜。耒耜名称的这种分合变化是与它的原料、形制变化相关联的。

进入铁器时代以后，耒耜仍以其变化了的形式继续在农业生产中发挥重要作用。铁器时代的耒耜已被广泛安上铁刃套，刃部加宽，器肩能供踏足之用，原来的踏足横木取消，耒耜就发展为锸（又作"臿"，音 chā），这就是直到现在还在使用的铁锹的祖型。把耒耜的手推足蹬上下运动的发土方式改变为前曳后推水平运动的发土方式，耒耜就逐步发展为犁。由于犁是从耒耜发展而来的，在相当长时期内还沿袭着旧名。如唐代陆龟蒙写的《耒耜经》，实际上就是讲耕犁的。

（2）牛耕与中国传统犁。牛耕的起源和发展与耕犁的起源和发展分不开。我国的耕犁是从耒耜脱胎而来的。无论直插式的耒耜或横斫式的锄镢，其翻土都是间歇式的，只有耕犁的翻土是连续的，劳动效率因而大大提高，这是翻土作业的一次革命。但耕犁的普及及其作用的真正发挥，不是一蹴而就的。耕犁的发展过程，从质料看，是先有木石犁，后有金属犁；从使用的动力看，是先有人力犁，后有畜力耕；从形制和功能看，是先有古犁，后有真犁。古犁保留了耒耜的某些特点，形制小，没有犁壁，因而只能划沟或作简单的松土作业，而不能翻转土垡，同时它没有完整的犁架，犁床与犁底浑然不分，又往往没有犁箭，使用时也可以足踏，也可以曳拉，曳拉时人力或畜力均可使用。真犁则有大型犁铧，有正式的犁床和犁箭，并出现犁壁，与耒耜迥然不同。

在长江下游的冲积平原上，自原始社会末期的良渚文化至商周时代的湖熟文化遗址中，都出土过不少的石犁铧，江西新干商代晚期墓葬中也出土过青铜犁。这说明南方越人使用耕犁是相当早的。商代甲骨文中有 $\mathcal{S}$、$\mathcal{S}$、$\mathcal{Y}$、$\mathcal{Y}$ 等字。$\mathcal{S}$ 像是由曲柄斜尖古耒去掉踏脚横木并加上用以牵引的装置，$\mathcal{S}$ 上之点像起土之形。因此，$\mathcal{S}$、$\mathcal{Y}$ 应是"犁"的初文。这表明至迟商代已有牛耕的事实。但这时的木石犁一般只能划沟下种，青铜犁因原料珍贵难以推广，黄河流域的垦耕主要还是用青铜镢和木质耒耜。春秋以后耕犁开始用铁武装起来，牛耕也已成为习见的事。春秋时，人们往往把牛和耕相连，分别作名和字。如孔子的弟子司马耕，字子牛。有记载表明，秦国牛耕已较普遍。目前黄河流域虽有战国铁犁铧出土，但在出土战国铁农具中所占比例很小，且形制原始，一般为呈钝角等腰三角形的 V 字形刃套，没有犁壁，表明当时耕犁的发展仍未脱离古犁的阶段。

这种情况至西汉中期发生了很大变化，在各地出土的铁农具中，犁铧比例明显增加，而且多为全铁铧，又往往和犁壁同时出土。犁壁又称犁耳，是安装在犁铧后端上方的一个部件，略带长方形并有一定弧度，其作用是使犁铧犁起的土垡按一定方向翻移，从而达到翻土、碎土的目的，并可作垄。从汉代各地出土的画像石刻和壁画的牛耕图看，当时的犁铧被安装在由木质犁底、犁柄、犁辕、犁箭所组成的框架上。中国传统犁称为框形犁，是世界上 6 种传统犁中的一种。其基本特征即摇动性和曲面犁壁在汉代已开始形成。汉犁的犁辕直而长，又被称为直辕犁。它用两头牛牵引，在两头牛的肩部压一条长木杠，木杠中央与犁辕相连。这就所谓"耦犁"，俗称"二牛抬杠"。开始时要有一人在前牵牛导耕，一人在后扶犁，一人在中间压辕调节深浅。这种"两牛三人"的牛耕方式在近代云南一些民族中仍然保存着。以后随着耕犁结构的改进和耕牛的调教驯熟，渐次由 3 人减为 1 人。据《汉书》记载，汉武帝时搜粟都尉赵过曾经推广"耦犁"。所谓耦犁就是上面所说的包括改进了的犁铧和与之相配合的犁壁、结构比较完整的犁架，以及两牛牵引等内容的一整套牛耕体系，它标志着我国耕犁已脱离古犁而进入真犁即正式犁的阶段。使用耦犁等"便巧"农器，2 牛 3 人可耕田大亩 5 顷，相当于以前一夫百亩（小亩）的 12 倍。正因为使用耦犁的劳动生产率大大超越耒耜，牛耕才在黄河流域获得普及，并逐步推向全国，铁犁牛耕在我国农业中的主导地位才真正确立起来。

曲辕犁取代直辕犁是我国传统耕犁发展史上的又一次重大变革。耦犁虽然比耒耜和古犁提高了效率，但两牛抬杠架直辕，显得笨重，"回转相妨"，在平野使用犹可，在山区、水田、小块耕地上使用就很不方便。为了克服直辕犁的这些缺点，我国古代人民继续致力于耕犁的改进。唐代江南地区出现了曲辕犁，宋代进一步完善和普及，标志着中国传统犁臻于成熟（见图8）。曲辕犁的主要特点是犁辕不直接与牛轭（音 è，牛马牵挽时架在脖子上的器具）相连，而是通过其前端的可活动的犁盘或挂钩用绳套与牛轭相连。这时的牛轭已不是架在两牛肩上的木杠（"肩轭"），而是套在单牛肩上的曲轭。犁索与犁辕连接处在役牛臀部之下，犁辕缩短，改直辕为曲辕。犁架重量因而减轻，它可用一牛挽拉，灵活自如，尤便于转弯。此外，曲辕犁调节深浅的结构更为完善，修长的犁底使操作时能保持平稳，犁镵（音 chán）与犁壁亦有改进。这种犁最初大概是适应水田耕作需要而产生的，但其基本结构和原理同样适用于北方旱作区，宋元时已成为通用全国的最有代表性的耕犁了。

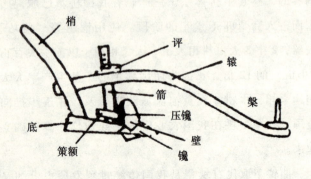

图 8 曲辕犁复原图（唐）

和世界其他地区传统犁相比较，中国犁的突出特点，一是富于摆动性，操作时可以灵活转动和调节耕深耕幅；二是装有曲面犁壁，具有良好的翻垡碎土功能。这些特点满足了精耕细作的技术要求，适合于个体农户使用。西欧中世纪使用带轮的重犁，没有犁壁，役畜和犁辕间用肩轭连接，比较笨重。18世纪出现的西欧近代犁，由于采取了中国框形犁的摆动性和曲面壁，并与原有的犁刀相结合，才形成既能深耕又便于翻碎土壤的新的犁耕体系，它成为西欧近代农业革命的起点。因此，中国犁在世界农业史中占有重要地位。

与耕犁相配套的整地农具，包括旱作系列与水田系列，为避免重复，在土壤耕作部分予以介绍。

（3）2000年前的播种机——耧车。耒耜是耕作工具，也是划沟播种的工具。由耒转化而来的古犁有一种是专用于划沟播种的。后来的镵（鑱）和耧犁均渊源于此。镵是一种小型无壁犁铧，中间有棱脊，用于中耕除草壅苗开浅沟。耧犁相传是西汉赵过发明的。耧犁上方有一盛种用的方形木斗，下与3条或2条中空而装有铁耧脚的木腿相连通（见图9）。操作时耧脚破土开沟，种子随即通过木腿播进沟里。1人1牛，"日种一顷"，功效提高十几倍。由于铁耧足是由古犁演变而来的，汉代人仍把牛拉

图9 耧车复原图（西汉）

的三脚耧称为"三犁共一牛"。耧犁是一种旱地畜力播种机构，这是中国传统农业的一大创造。西欧条播机的出现在此1700年以后。元代又在这基础上创制了下种粪耧，兼具开沟、播种、施肥和覆土等多种功能。

8 收割加工工具

从原始时代起，我国收获农具就有刀和镰两种。用以掐割禾穗的石（骨、蚌）刀，无柄，操作时用手抓住刀体，一拇指伸入石刀系有的皮套中，以防脱滑。商周时的青铜铚即由此演变而来，也就是后世的爪镰。这类农具的普遍使用是中国古代（尤其是上古）农业的特点之一，是与粟（粟的特点之一是攒穗型作物）的普遍种植相联系的。现在农村中的爪镰仍然主要用以收获谷子。石（骨、蚌）镰一般有柄，收获时把庄稼连禾秆一起割下。商周时的"艾"（音yì，通刈）即青铜镰。进入铁器时代后，镰的使用日益普遍，有取代铚的趋势。镰刀类型不一，有的比较大，如铍（音bó）就是长柄两刃的镰刀，先秦时已出现。唐宋时代，铍演变为钐（音shàn），成为专用的割麦工具。宋元时又出现与麦钐配套的麦绰和麦笼。麦绰是带有两条活动长柄的簸箕，上安麦钐，向前伸出，利用安在腰上的一个灵活的操纵器，移动麦钐和麦绰，将远处的麦"钐"到麦绰上，装满后，即覆于后面系于腰部带轮子的麦笼中。王祯《农书》说："北方艾麦用钐、绰、腰笼，一人日可收麦数亩。"这套获麦工具，是适应唐宋以来北方小麦生产的大发展而创制出来的。

谷物脱粒方法，最初是手搓脚踩，或用牲畜践踏，或用木棍扑打。春秋时出现了连枷，脱粒效率比木棍大为提高。后来又利用碌碡（音 liù zhóu）在晒场上碾压谷穗以脱粒，比人畜践踏进了一步。南方水稻收获后，往往手持连秆带穗的稻把在木桶上摔打使之脱粒，明代又出现了各式稻床。这些脱粒方法一直延续到近代。谷物脱粒后，要把秕粒、颖壳和籽实分开，以获得纯净的谷粒。起初用箕簸（音 bǒ）扬（西周时已盛行），后来有用木锨扬的，都是利用风力作用。至迟汉代，我国已发明了"飏（音 yáng）扇"，即风车。摇动风车中的叶形风扇，形成定向气流，利用它可把比重不同的籽粒（重则沉）和秕壳（轻则扬）分开。这是一项巧妙的创造，比西欧领先 1400 多年。谷物加工方法，一是舂、二是磨。舂的工具是杵臼（见图10），据说是庖牺氏所发明。最初的杵是一根木棍，而臼则是挖在地上的一个坑，铺以兽皮而成。这就是所谓"断木为杵，掘地为臼"。我国一些少数民族近代仍有类似谷物加工法。后来地臼被石臼所取代，又利用杠杆原理把手舂改为脚

图10 杵臼

踏，这就是脚碓。汉代脚碓的模型和图像，现已发现了不少。东汉又出现了畜力碓和水碓（见图11）。到了晋代，杜预对水碓作了改进，制成连机碓。王祯《农书》形容这种水碓是"水轮翻转无朝暮，舂杵低昂间后先"。

图 11　水碓

原始时代，人们在一块石板上手持卵石或石棒来回研磨，这也是加工谷物最古老的方法之一。裴李岗文化和磁山文化使用石磨盘、石磨棒相当普遍，且制作精致，以后反而销声敛迹，被杵臼所排斥了。在这以后很久，才因石转磨的发明而使古老的磨法获得新生。石转磨由上下两块圆石组成，两石接触面有磨齿，上面的圆石可围绕中轴旋转。石转磨的发明者据说是春秋时著名工匠公输班。目前已有战国和秦代的石转磨出土。石转磨在汉代获得推广，并出现大型畜力磨。晋代杜预发明畜力连磨。水力碾磨（见图12），魏晋南北朝时期已经出现，唐代有突出发展，在关中尤为流行，官僚地主和寺观往往建造大

图 12　水磨

型碾硙（音 wèi，石磨），作营利性经营。石转磨的主要功能之一是把麦粒磨成面粉，它的发展，是麦作发展的条件和标志之一。宋元之际又出现了同机可以完成砻（音 lóng）、碾、磨 3 项工作的"水轮三事"（见图 13）。这些工具都以河水冲激水轮转动，并通过轮轴和齿轮带动各种磨具工作，在当时世界上都处于先进地位。

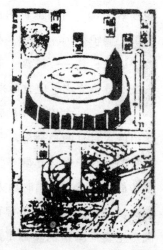

图 13　水轮三事

4 农田灌溉工具

上古时代，人们在需要灌溉时，要用瓦罐从井里把水一罐罐打上来，或从河里把水一罐罐抱回来。古书上说："凿隧而入井，抱瓮（音 wèng）而出灌"，就是对这类情形的描述。春秋战国后，农田灌溉发展起来，各种新的灌溉工具也应运而生。春秋时已有采用杠杆原理提水的桔槔（音 gāo），又称"桥"。当时人们比较了负缶汲灌和桔槔灌溉的工效，前者"终日一区"，后者终日"百区不厌"。桔槔之外有辘轳。汉代水井提水已普遍用辘轳，但形制比较原始，没有手摇曲柄，汲水时用手直接拉绳子，通过辘轳的转动把水罐提上。在很长时间内桔槔和辘轳是我国主要的井

109

灌提水工具。曲柄辘轳的出现不晚于唐宋。唐代有人尝试用辘轳把河水提到高处，出现了利用架空索道的辘轳汲水机构——机汲。唐代大文学家刘禹锡曾写过一篇文章描述它，但它后来没有获得发展。

真正满足大田排灌的需要，因而对我国农业发展作出巨大贡献的是翻车，即龙骨车。《后汉书》说东汉末年的宦官毕岚"作翻车"，用于洒路，是已知关于翻车的最早记载。三国时魏人马钧加以改进，用以灌园。它比较轻巧，大概是手摇的，儿童可以使用。后来的翻车主要是脚踏的。翻车出现以后很长时间内没有得到普及。隋唐时代，随着江南圩田的发展，翻车在南方获得推广，因为圩田的排灌离不开这种机械。唐代江南道蕲（音 qí）春县（今湖北蕲春县）有"翻车水"、"翻车城"。以翻车为名，反映了南方使用翻车已较普遍。因此，晚唐时在关中郑白渠灌区推广翻车要从江南延请工匠。入宋以后，描述龙骨车的诗文显著增多，它被广泛用于抗旱、排涝、高田提灌和低田排水，地区则集中在两浙、江东、淮南、福建等地。翻车是利用齿轮和链唧筒的原理汲水，结构巧妙，抽水能力相当高，是我国人民的伟大创造（见图 14）。除了人力手转足踏的翻车外，又有利

图 14　翻车

用畜力、水力、风力，通过轮轴传动的翻车。牛转翻车唐代已传到日本，水转翻车大概是宋元间的新创，元明间又出现了风力水车。但它们的应用远不如人力龙骨车，特别是足踏车普及。"下田戽（音 hù）水出江流，高垄翻江逆上沟，地势不齐人力尽，丁男常在踏车头"，这是南宋诗人范成大对江南农民使用龙骨车的描写。事实上，龙骨车是电力抽水机推广以前我国农村使用最广泛的排灌工具。

我国古代灌溉用水车有翻车和筒车两大类。唐代已有筒车（"水轮"）的记载。根据王祯《农书》等的描述，它是用竹木制成大型立轮，由一横轴架起，安于水边，下部没入水中，上部高出于岸。轮周槽内斜装若干小木桶或竹筒。水激轮转，轮周的小筒不断把水戽起，流到水槽后灌到田间（见图 15）。这也是一种高效的提水工具。宋代有不少描述筒车（"水轮"）的诗，诗人用"竹龙行雨"来形容它。筒车主要流行于我国西南地形高低相差较大、有

图 15　筒车

湍急水流的地区。有人认为它是从印度传来的。筒车在宋元时又有新发展，出现畜力筒车（驴转筒车）和高转筒车（见图 16），后者可引水至七八丈高，不过使用并不普遍。

图 16　高转筒车

　　从上面简要而远不全面的介绍中可以看出，我国传统农具的成就是巨大的、多方面的，不少项目在当时处于世界领先地位。传统农具的发展既是以冶金业与冶金术的进步为基础，也和精耕细作农业技术的发展密切相关。随着精耕细作技术的发展，传统农具不断优化其结构性能，不断增加其品种样式，并形成完整的系列。我国传统农业种类很多，不同地区、不同类型农田、不同土壤、不同农活及其不同生产环节，都有不同的适用农具，以满足精耕细作农业技术的各项要求。传统农具制作精巧，除耕获工具主体部分用铁外，其余部分广泛利用竹木材料。如犁，除犁头、犁壁外全用木料，水车、风车、耧车等几乎全用竹木制成，甚至连铁钉都不要，不但成本低，而且特别轻巧，又往往一器多用，这既适合精耕细作的要求，也适合小农经营的经济条件。因此，传统农具往往具有很强的生命力。

　　从我国传统农具发展的整个历程看，战国秦汉是一个黄金时代，唐宋是又一个黄金时代。至此，传统农具已发展到完全成熟阶段。明清基本沿用宋元农具，甚少改进。有所创新的多是适应个体农户小规模经营的细小农具，甚至王祯《农书》早已记载的一些大型高效农具，明清时反而罕见了。由于牛力不足，有的地方退回人耕。明代还有使用唐代已出现的"木牛"即人力代耕架的零星记载，这虽是一种巧妙的创造，但在使用动力上不能说是进步，而且使用并不普遍。总之，明清时代已失去两汉或唐宋那种新器迭出的蓬勃发展气象。这一方面由于传统农具的发展已接近小农经济所能容纳的极限，同时劳动力的富余又妨碍人们进行改进工具提高效率的努力。还应指出，由于小农经济占主导地位，即使在明清以前，我国历史上一些大型的先进农具创制后并没有获得普及。人工操作的各种铁锄、铁锹、铁镰、铁齿耙、碓、磨、水车等，仍然是最普遍使用的农具，而利用简单的农器做出精细的农活，也是建立在小农经济基础上的我国传统农业的特点之一。

四 精耕细作 天人相参

——中国传统农业科学技术体系

从主要方面和发展方向看，我国传统农业技术的主要特点是精耕细作。精耕细作这个词，在人们谈论中国农业和农业史时经常使用，出现频率很高。但在古书中只有"深耕疾耰（音 yōu）""深耕熟耘"等提法，这虽是精耕细作内容之一，但并不等同于精耕细作。"精耕细作"一词出现于晚清，新中国成立后，在中共党的文件中采用了它。这一概念遂日益广泛地被人们使用。它是现代人对中国传统农法精华的一种概括，指的是一个综合的技术体系。这一技术体系，一方面以集约的土地利用方式为基础，另一方面又以"三才"理论为指导。这三个方面相互联系，密切结合，又构成一个完整的范围更宽的体系，这一体系包括了中国古代农业科学技术的基本内容，我们不妨以"精耕细作、天人相参"8 个字来概括。

精耕细作的技术体系，首先在种植业中形成，在大田和园艺生产中表现尤为突出。但在发展过程中，其基本精神也贯彻于畜牧、蚕桑、养鱼、林木等生产领域。

　　下面，我们把"精耕细作、天人相参"的农业科学技术体系的主要方面，大体按其内在逻辑关系的次序，予以简要的介绍。

 ## 集约的土地利用方式

　　（1）"多种不如狭收"。土地利用是农业技术的基础，扩大农用地面积和提高单位农用地面积的产量（即土地生产率），是发展农业生产的两条途径。随着人口的增加，中国历代都在扩大耕地面积和农用地范围，并创造了圩田、涂田、梯田等多种土地利用方式。关于这方面情况，本书第一章已大体谈到。但不晚于战国时代，人们已认真考虑如何提高单位面积产量，并越来越把发展农业生产的重点放在土地生产率的提高上。战国初年李悝（音 kuī）为魏相，颁行"尽地力"的教令，指出治田勤谨或不勤谨，每亩将增产或减产 3 斗，在方百里可垦田 600 万亩的范围内，粮食总产的增减达 180 万石，幅度为 20%。"尽地力"，用现在的话来说，就是发挥土地的生产潜力，提高土地生产率。荀子也认为，如果好好种地，可以亩产数盆（盆是量器，一盆合一石二斗八升），等于一年收获两次，潜力很大。

　　要通过提高单产来增加总产，就不能盲目地扩大经营规模。历代农学家无不提倡集约经营，少种多收。西汉氾胜之提倡区（音 ōu）田，其基本精神是集中各种精耕细作措施于小面积的区田上，争取高额丰产（详后）。北魏贾思勰认为："凡人营田，须量己力，宁可少好，不可多恶。"南宋陈旉主张"多虚不如少实，广种不如狭收"，并提出耕地规模要与"财力相称"。明代《沈氏农书》也主张"宁可少而精密，不可多而草率"。这种主张的产生不单纯因为人口增加、耕地紧缺和小农经济力量薄弱，如北魏时代耕地并不紧缺，而且提出这种主张的很多是经营地主。因此，更重要的原因是，人们在长期的实践中认识到，集约经营、少种多收，比粗放经营、广种薄收，在对自然资源的利用和人力财力的使用上都是更为节省的。《沈氏农书》以桑地经营为例，指出如果深垦细管，多施肥料，可以"一亩兼二亩之息，而功力、钱粮（按指赋税）、地本仍只一亩"。又引老农的话："三担也是田，两担也是田，五担也是田，多种不如少种好，又省气力又省田。"

我国古代农业单产比西欧古代和中世纪高得多。西欧粮食收获量和播种量之比，据罗马时代《克路美拉农书》记载为 4~5 倍，据 13 世纪英国《亨利农书》记载为 3 倍。而从《齐民要术》看，我国 6 世纪粟的收获量为播种量的 20~24 倍，麦类则为 20~44 倍。据《补农书》记载，明末清初嘉湖地区水稻最高产量可达 4~5 石，合今每亩 910~1125 斤，比现今美国加州的产量还高。我国古代农业的生产率，无疑达到了古代世界的最高水平。

（2）从间歇撂（音 liào）荒到种无闲地与种无闲

116

日。土地生产率与土地利用率关系密切。土地利用率有两种含义：一种是指一个单位或一个地区已利用土地占可利用土地面积的比例，另一种是指耕地的利用强度，即复种指数。这里主要使用这个概念的后一种含义。它在我国历史上是不断提高的，集中表现在以种植制度为中心的耕作制度的发展上。

根据我国和世界上一些尚处于原始农业时代的民族的情况看，农业发生之初一般经历刀耕农业的阶段。这时人们选择山林为耕地，把树木砍倒晒干后烧掉，不经翻土而直接播种。这种耕地只种一年就要抛荒，因而要年年另觅新地依法砍烧，这叫"生荒耕作制"。这一时期的农具，只有砍伐林木用的刀斧和挖眼点种用的尖头木棒，人们不知锄犁等翻土工具为何物。与生荒耕作制相适应，人们仍过着迁徙不定的生活，这种情形也和当时的生产结构有关。因为当时种植业发生不久，在整个经济中尚不占主导地位，人们的生活资料来源，在很大程度上还要依赖采猎。原始农业继续发展，人们逐渐制造了锄耜一类翻土工具，懂得播种前先把土壤翻松。这样，一块林地砍烧后就可种植若干年再行抛荒，这叫"熟荒耕作制"。这时农业技术的重点已由林木砍烧转移到土地加工上来。与此相适应，人们也已由迁徙不定过渡到相对定居，这就是"锄耕农业"阶段。在这一阶段，种植业已成为主要生产活动，畜牧业也有相应发展，而采猎则逐渐变成辅助性的生产活动。按照本书第一章所介绍的情况看，距今七八千年的黄河流域前仰韶文化和长江下游的河姆渡文化等，已广泛使用石斧、骨耜一类翻土工具，种植业已成为人们的主要生计，人们已过着比较稳定的定居生活，总之已经进入实行熟荒耕作制的锄耕农业阶段。从仰韶文化、前仰韶文化诸遗址出土大量石斧看，在这以前我国农业应经历过一个以砍伐林木清理耕地为首要任务的阶段。我国古史传说中有"烈山氏"，他的儿子"柱"能殖"百谷百蔬"，在夏以前被祀为农神——"稷"。所谓"烈山氏"就是放火烧荒，所谓"柱"就是挖眼点种的尖头木棒，它们代表了刀耕农业中两个相互衔接的主要作业，不过在传说中被拟人化了。这也是我国远古时代确实经历过实行生荒耕作制的刀耕农业阶段所留下的史影。我国南方新石器时代早期的洞穴遗址，也可能处于刀耕农业阶段。

我国自虞夏由原始农业逐步过渡到传统农业以后，耕作制度也由撂荒制（包括生荒耕作制和熟荒耕作制）转为休闲制。所谓休闲制是耕地实行有次序的、短周期的轮种轮休制度。夏商情形难以详考，但周代无疑已盛行休闲耕作制。《诗经》等文献中有"菑"（音 zī）、"新"、"畬"（音 yú）的农田名称。菑是休闲田，新和畬分别是开种第一年和第二年的田，三年一循环。《周礼》中又有所谓"一易之田"和"再易之田"，即种一年休一年和种一年休二年的田。这都是周代实行休闲制的明证。从撂荒制过渡到休闲制，地力已不能和从前那样完全依靠自然过程来恢复，必须采取新的措施。一般在夏秋冬三季把休闲地的草木芟除，夏天芟除的草木晒干烧掉以后，还往往把雨季水潦引入田中浸泡，即所谓"烧薙（音tì，同剃）行水"，以达到减少次年开耕后的杂草和促进地力恢复的目的。《周礼》中的"薙氏"一职，就是掌管这方面工作的。休闲制之取代撂荒制，固然以生产经验的积累为基础，但也和当时农田沟洫普遍存在，不便于大规模刀耕火种有关。

周代的"菑"、"新"、"畲"和易田制，与西欧中世纪的三田制和二田制相似，同属休闲制的范畴，只是西欧的休闲田实行休闲耕，周代的休闲田则采取"烧薙行水"等措施。不过，与西欧休闲制一直延续到18世纪不同，中国从战国时代起即由以休闲制为主转变为以连年种植的连种制为主。如战国中期的魏国一般实行连种制，每个农户分配百亩份地，只有土地贫瘠的部分地区才实行休闲制，每户分地200亩。到了汉代，黄河流域的连种制已经定型，农田一般一年一熟，只有因耕作不善地力衰退而连续两年长不好庄稼的地，才让它休闲一年，以恢复地力。连种制的实行，是以土壤耕作，施肥和禾豆轮作等恢复和培肥地力技术的发展为前提的。

在实行连种制的基础上，我国古代劳动人民有许多出色的创造。

一是轮作倒茬。茬（音chá），是指作物收获后留在耕地中的根部和残茎。倒茬指一种作物收获后换种另一种作物，又叫换茬。一块地里如连续种植一种作物，往往会引起某种营养元素的匮乏和某些病虫害以至杂草的滋生，合理地换茬可以调节以至加强地力，减轻病虫害和杂草的为害。我国古代轮作的特点是广泛采用有肥地作用的豆科作物或绿肥作物与禾谷类作物轮作，方式又灵活多样。《齐民要术》对此作过系统总结，指出豆科作物是禾谷类作物的良好前茬（该书称作"底"，这一术语沿用至今），又把若干作物的前茬分为上、中、下三等，人们可以根据天时、土壤和人力、物力等条件灵活选用。

二是间作套种。间种是在同一块土地上成行或成带状相间地种植两种或两种以上作物。套种则是指前季作物收获前在行间播种下一季作物，前季作物收获后，套种作物继续生长，这样可以充分利用耕地和作物生长季节。它要求高秆与矮秆、喜阳与喜阴、深根与浅根以及生育期和对肥料需求不同的各种作物合理搭配，互不相妨，以至相互促进。西汉的《氾胜之书》介绍在瓜地中间种薤（音 xiè，即藠头）或小豆、在瓜熟之前采收薤子或豆叶出卖的办法，是有关间种的最早记载。《齐民要术》有桑田间种芜菁、绿豆、小豆，麻子间种芜菁，葱间种胡荽，大豆间种谷子等的记载。陈旉《农书》总结和推荐桑园间种苎麻的方式。明清时代间套种方式更加丰富多彩，在粮作领域内也广泛发展起来。如麦豆间种、粮菜间种、稻豆套种、稻肥套种、稻稻套种（套种双季稻）、麦棉套种、桑菜套种、桑豆套种等。

三是多熟种植。我国中原地区早在战国秦汉已有复种制的萌芽（如冬麦收获后种禾豆）、岭南部分地区双季稻种植不晚于汉代。但这些都是零星的、散在的。

复种制较大的发展是在宋代，当时全国经济重心所在的江南地区人民，在早熟晚稻收获后种植小麦、豆类、油菜等，这些作物初夏收获，春天正值花期，被称为"春花"或"春稼"，形成水稻与"春花"水旱轮作一年两熟的制度。但这种发展毕竟还是初步的。明清时代多熟种植有了进一步发展。从南往北看：南方双季稻种植更加广泛，并向长江流域扩展。部分地区（如台湾）出现二稻一麦的一年三熟制。在长江下游稻麦两熟制获得普及。清代康熙皇帝曾派人用他培育的早熟"御稻"在江南进行双季稻的试验，道光年间林则徐等人也提倡在江南推广双季稻，但成效不大。在华北的许多地方，早在唐宋时已出现的以麦作为中心的二年三熟制，到清代已趋于定型，典型形式是秋收后种冬麦，麦后种豆，次年豆后种玉米、谷子、黍稷等，收获后仍种冬麦，依次循环。利用间套作等方式，把粮食作物、经济作物和园艺作物合理搭配，可以达到更高的复种指数。如杨屾（音 shēn）《修齐直指》中记载了菠菜、萝卜、蒜、蓝、粟、麦等间套复种两年十三收的经验。

农业是依靠绿色植物吸收太阳光能转化为有机物质的。我国传统耕作制度的特点是多熟种植与轮作倒茬、间作套种相结合，一方面尽量扩大绿色植物的覆盖面积，以至"种无闲地"；另一方面尽量延长耕地里绿色植物的覆盖时间，以至"种无虚日"，使地力和太阳能得到充分的利用，以提高单位面积产量。这种耕作制度对水、肥和耕作管理的要求很高，并且必须十分熟悉各种作物的特性。

（3）"立体农业"的雏形。间套作和轮作复种已是一种多物种、多层次的立体布局，这种充分利用土地的方法还可以从大田扩展到水体，从种植业扩展到多种经营。例如，汉代已出现利用陂塘灌溉种稻，塘内养鱼种莲，堤上植树的综合土地利用方式。考古工作者已发现许多反映这种情况的汉代陂塘水田模型。《水经注》记载东汉习郁依照范蠡养鱼法，在大陂中引水作小鱼池，"楸竹夹道，菱芡覆水"，亦属此类。南宋陈旉《农书》中总结了高田凿池蓄水种稻、堤上植桑系牛的经验。明清时则把这种经验推广到低洼地区，形成很有特色的堤塘生产方式。

珠江三角洲1/3耕地属低塘（音 lǎng）地区，地势低洼，水患严重，有的还受咸水威胁。当地人民把低洼地深挖为塘，土覆四周为基，基和塘分别发展种植业和养鱼业，既消除了上述不利条件的影响，又扩大了生产领域。这种基塘生产方式约产生于元明之际。最初，基上种荔枝、龙眼、柑橘、香蕉等，称"果基鱼塘"。明末清初，随着蚕桑业的发展，"桑基鱼塘"成为主要的基塘类型，形成"基种桑，塘养鱼，桑叶饲蚕，蚕粪饲鱼，两利俱全，十倍禾稼"（《高明县志》）的生态体系。亦可在塘内养殖水生饲料以喂猪，以猪粪塘泥培桑，则生产内容更加丰富。除桑基鱼塘和果基鱼塘外，当地还有稻基鱼塘、蔗基鱼塘、葵基鱼塘等。类似的土地利用方式在太湖流域亦已出现。如明嘉靖年间谭晓兄弟在江苏常熟开发荒洼地，最洼处凿为鱼池，次洼处种植菰、茈（音cí，荸荠）、菱、芡等水生植物，有条件的地方开成菜畦；池上架笼舍养鸡猪，利用其粪饲鱼，田地周围筑高塍，其上植梅桃诸果。据《补农书》等记载，明末清初浙江嘉湖地区形成"农、桑、鱼、畜"相结合的生产方式：圩外养鱼，圩上植桑，圩内种稻，又以桑叶饲羊，羊粪壅桑，或以大田作物的副产品或废脚料饲畜禽，畜禽粪作肥料或饲鱼，塘泥肥田种禾等。这些生产方式，巧妙地利用水陆资源和各种农业生物之间的互养关系，组成合理的食物链和能量流，形成生产能力和经济效益较高的人工生态系统，把土地利用率提到一个新的高度。

当前，在对中国式农业现代化道路的探索中，把传统经验与现代科技相结合，在全国各地区正在掀起研究和推广各种立体农业模式的热潮。立体农业的主要特点是多种生物共处与多层次配置，来提高资源利用率、土地产出率和产品商品率。这种立体农业的雏形，明清时代即已出现，它预示着农业发展的一种方向，具有深远的意义。

中国传统农业以提高土地利用率和土地生产率为主攻方向，而这也就是精耕细作技术体系的基础。集约的土地利用方式与精耕细作是互为表里的。

 对"天时"的认识和掌握

从农业的总体来分析，农业技术措施可以分为两大部分：一是适应和改善农业生物生长的环境条件，二是提高农业生物自身的生产能力。我国农业精耕细作技术体系包括了这两个方面的技术措施。农业的环境条件，古人分别用"天"和"地"两个范畴来概括。我们的介绍就从谈"天"开始。

（1）"候之为宝"和"不违农时"。农业是人调控的自然过程，是以自然界生物的自然再生产为基础的。自然界一切生物的生长、发育、成熟、繁衍首先受气候变化的影响，与气候的年周期节律保持一致。因此，农业不能不具有明显的季节性。古人的所谓"天"，尤其是农业生产上的所谓"天"，主要是指气候，由于气候变化表现为一定的时序，所以又称"天时"或"时"。《尚书》中有《洪范》篇，据说是周武王克商后箕子向他陈述的天地大法。其中把"时"概括为雨、旸（音 yáng，日出为旸）、燠（音 yù，又读 ào，暖）、寒、风五种气候因素，相当于现在所说的降水量、日照、湿度、温度、气流等，这五种因素按一定数量配合，依一定次序消长，万物就繁盛，如果某种气候因素太过或不及，都不利于生物的生长。以上论点，反映我国古代人民对天时的认识很早就从感性阶段提高到理性阶段。古人论述农业生产时，总是把天时作为第一要素。

天时是如此的重要，而在古代和当今的生产力水平下，人们还不可能左右天时，所以在从事农业生产时，不能不顺应天时，趋利避害。首先是适时播种。《吕氏春秋·审时》比较了六种主要粮食作物种植"得时"或"先时"、"后时"的不同效果：数量相同的植株，得时的籽实多、产量高；数量相同的谷粒，得时的出米率高；数量相同的米粒，得时的吃起来香、耐饥、令人身强体壮、耳聪目明。结论是"得时之稼兴，失时之稼约"。这篇论文开宗明义第一句话是"凡农之道，候之为宝"。候是节候，这是把掌握时令看作种庄稼的法宝。《管子》中有"春事二十五日之内"的说法。强调稷（粟）的播种必须在冬至后75天（这时地上的冰冻全部消释）至100日内完成。《氾胜之书》讲耕作栽培总原则，把"趣（趋）时"作为第一条，每种作物均介绍其播种适期。《齐民要术》进一步把各种作物的播期划分为"上时"、"中时"和"下时"。耕作也有"趋时"的问题，《氾胜之书》认为只有在一定时令下土壤才处于适耕状态。收获也要适时疾作，"如盗寇之将至"。总之，春耕、夏耘、秋收、冬藏，都不能错过大自然的节候，只有这样才能获得丰收。除了农作物以外，畜禽的孳乳，野生动植物的采猎也都要适时，才能取得预期的结果。

对天时掌握是否准确，关系农业的成败，因而也是关系国计民生的大事。从传说的黄帝、颛项（音zhuān xū）、尧舜时代起，历代统治者都把观察天象、制历授时作为施政的要务。春秋战国时的诸子百家，尽管在政治见解和学术观点上有许多歧异，但在农时问题上却颇有共识，都主张"不违农时"、"勿失农时"、"使民以时"。这不但要求人们遵守自然界气候变化规律从事农业生产，而且特别要求政府在使用民力时注意这一点，不要在农忙时大兴土木、大兴兵甲，使农民有可能适时农作。

（2）物候、星象、节气。古人根据什么来确定农时呢？

原始人类没有温度计、湿度计、风向仪，不能直接测定气候的变化，也没有后世那种严密的历法，他们是从草木鸟兽和冰霜雨雪等的动态变化中获取气候变化的信息，并以此指导农事活动的。这就是说，物候是农时的最初指示器。所谓物候是指自然界生物和非生物对节候的反应，如草木的荣枯、鸟兽的出没、冰雪的凝消等。我国南方一些保存原始农业成分的民族差不多都有一套以物候指示农时的经验，有的民族甚至形成以物候为标志的计时系统——物候历。传说与黄帝同时代的东夷首领少昊（音 hào）氏"以鸟名官"，负责确定春分、秋分的官职叫"玄鸟氏"，负责确定夏至、冬至的官职叫"伯赵氏"。玄鸟即家燕，春来秋去，可作春秋标志；伯赵即伯劳，夏鸣冬止，可作冬夏标志。这正是我国远古时代曾用物候指时的反映。进入阶级社会以后，虽然已有比较精确的历法，但物候作为指示农时的辅助手段被长久保存下来，并有所发展。在成书于春秋前、保留了夏代历法基本面目的《夏小正》，在反映周代农事活动的《诗经·七月》篇中，以及在后世的许多农书和农业文献中，都保存了大批物候指时的资料。历代流行的农谚，不少也是以物候指时为内容，如"榆钱黄、种麦忙"（山西），"山黄石头黑，套犁种早麦"（陕西），等等。

　　物候指时最大的优点是能相当准确地反映气候的实际变化，但不同地区不同地形物候差异很大，即使同一地点，由于各种气候因子的复杂变化，同一物候在不同年份出现早晚也不尽相同，因而以物候作为计时制历的标志缺乏确定性，适用范围窄。为了寻找一种比较固定、适用范围更广的标志，天象指时逐步取代了物候指时的地位。瑰丽的星空早就引起原始人的兴趣、观察和遐想。人们逐渐发现，一些星星出没时间和方位变化很有规律，并与气候的季节变迁颇为合拍。如北斗星座，"斗柄东指，天下皆春；斗柄南指，天下皆夏；斗柄西指，天下皆秋；斗柄北指，天下皆冬"（《鹖（音 hé）冠子》），俨然是一个天然的大时钟。我国原始农业民族不乏借助星象变化来判断季节、指导农事的经验。据近人研究，我国远古时代曾实行过"火历"，即以"大火"星（即心宿二）在黄昏时出现为岁首，并按"大火"星在太空中的不同位置确定季节与农时。又如《尚书·尧典》记载，根据黄昏时出现于南方天空的鸟星、火星、虚星、昴星等恒星来划分不同季节，这些以星象指时的经验也广泛流传于后世。

　　但我国传统历法的成熟形态是阴阳合历。阴阳合历的形成不晚于商代。它以月亮圆缺的一个周期为一月，即所谓朔望月。其优点是标志很清楚，便于计时，缺点是难以确切反映气候的季节变化。因为气候的寒暑变迁是由地球绕太阳公转所决定的，而朔望月和由地球绕太阳公转一周所形成的回归年不是倍数整合的关系，12 个朔望月比一个回归年少 11 天左右。因此要设置闰月来协调两者的关系。置闰月成为阴阳合历的重要标志。但这还不够，为了更准确地反映气候的季节变化和便于掌握农时，需要确定几个最能反映季节变化的时点，将太阳年划分为若干时段，形成标准时体系。我国很早就形成冬夏至、春秋分的概念。周代用土圭（测日影的竿子）实测日晷（音 guǐ，日影），不但更准确地测定两至（日影最长的冬至和日影最短的夏至）两分（两至间昼夜时间相等的春分和秋分），而且在两分两至之间增加了"四立（立春、立夏、立秋、立冬）"。在上述"八节"的基础上，根据气温、降水等自然现象，均匀地插进另外 16 个点，合起来即将一个太阳年均分为 24 个时段，每一时段即为一节气。在成书于战国的《周髀（音 bì）算经》中已有二十四节气的记载。到了两汉的《淮南子》一书，二十四节气的名称和顺序就与现在基本一致了。二十四节气是我国古代人民的独特创造，它准确地反映了地球公转所形成的日地关系，与黄河流域一年中冷暖干湿的气候季节十分切合，比之以月亮的盈缺为依据制定的月份，更便于对农事季节的掌握。中国传统的阴阳合历主要通过它来指导农业生产，在历史上被广泛采用，至今仍发挥着巨大作用。

二十四节气出现以后，人们又在上古物候知识积累的基础上，结合二十四节气整理出七十二候。它以五日为一候，以某种自然现象（主要是生物的动态变化，如"桃始花"、"蚯蚓出"、"螳螂生"等）为标志。每一节气三候，形成严格的物候历。在战国时代的《逸周书·时则训》中，已有关于七十二候的记载，它是我国上古物候知识的系统总结，对于更详细地把握气候季节变化的时序是有意义的。但把地域性很强并具有不稳定性的物候固定在节气系统中，它的适用范围是有限的，而且使用时要十分谨慎。

以上按历史发生的顺序分别介绍了我国传统农业掌握农时的 3 种方法，但在后世的使用中，它们是相互结合，成为确定农时的一种体系。南宋陈旉《农书》指出："万物因时受气，因气发生，时至气至，生理因之。"这里的"时"与《洪范》中的"时"不完全相同，是指历法中所规定的四时八节二十四节气等。"气"则指温度、水分、光照等气候因素。二十四节气等是根据气候变化规律制定的，但它既已固定下来，就不可能毫无误差地反映每年气候的实际变化，难免有"气至而时未至"或"时至而气未至"的现象发生。这时，刻板地按照历法中的"时"安排农事，就会碰壁。因此，不但要"稽之天文"，而且要"验之物理"，把农事安排在适应气候实际变化的基础之上。在这里，最关键的是节气与物候的相互参照。我国古代月令体裁的农书，往往同时胪列每月的星象、气象、物候等，以此为安排农事的依据。王祯《农书》编制了《授时指掌活法图》，以二十四节气为纲，重新安排月份，以立春为正月，立夏为四月，立秋为七月，立冬为十月，把物候、农事系于每月之下，形成大圆圈，星象干支，另作可运转的小圆圈与之相配合。王祯要求人们按照地区差异灵活运用此图，不可胶柱鼓瑟。这可视为对我国确定农时的系统方法的一种总结。

（3）"侔造化、通仙灵"的人工小气候。人们无法改变自然界的大气候，但却可以利用自然界特殊的地形小气候，并进而造成某种人工小气候。我国人民很早就在园艺和花卉的促成栽培上利用地形小气候和创造人工小气候，生产出各种侔天地造化的"非时之物"来。

早在秦始皇时代，人们已在骊山山谷温暖处取得冬种甜瓜的成功。唐朝以前，苏州太湖洞庭东西山人民利用当地的湖泊小气候种植柑橘，成为我国东部沿海最北的柑橘产区。唐朝官府利用京城附近温泉水培育早熟瓜果。王建《宫词》说："酒幔高楼一百家，宫前杨柳寺前花。御园分得温汤水，二月中旬已进瓜。"

温室栽培最初出现在汉代的宫廷中。《汉书》说，西汉时政府的太官园冬天种植"葱韭菜茹"，方法是在菜圃上盖起屋棚，昼夜不停点燃暗火，使蔬菜获得其生长所需的"温气"。这是世界上见于记载的最早的温室，西欧的温室是在此 1000 多年以后才出现的。与此类似的还有汉哀帝时的"四时之房"，用来培育非黄河流域所产的"灵瑞嘉禽，丰卉殊木"。其实汉武帝时用来栽培荔枝、龙眼、柑橘等的扶荔宫，很可能也有温室一类设施。唐代温室种菜规模不小，有时"司农"要供应冬菜 2000 车。早在汉代，温室种菜已由皇室传到民间，有些富人也能吃到"冬葵温韭"。北宋都城汴梁（今开封），十二月街市上到处摆卖韭黄、生菜、兰芽等。南宋临安（今杭州）郊区马塍的花农创造了利用温室促花早放的"堂花术"。办法是在地上挖坑，坑上编竹覆土作花床，其上再用纸糊成密室，用牛尿硫黄等培溉，然后放置开水在坑中，当水汽往上熏蒸时微微扇风，经过一夜便可开花。难怪当时的人称赞这种方法是"侔造化、通仙灵"了。明清时代，京城一带民间温室栽培更为广泛，有火室，有土窖，有时还采取纸窗采光、马粪发酵增温等办法，在冬季培育出白菜、芫荽、韭黄、黄芽、黄瓜、椿芽、牡丹、鲜小桃、鲜郁李，等等。

此外，王祯《农书》记载有风障育早韭、冷床育菜苗等方法。唐代契丹破回纥后，把西瓜引种到东北，采取"以牛粪覆棚而种"的办法，解决了防寒增温问题，使原产热带的西瓜在寒冷的东北落了户。这些也属利用人工小气候的范围。

在古代农业生产中，反常气候造成的自然灾害，如水、旱、霜、雹、风等，一般是难以抵御的，但人们还是想出了各种避害的办法，其中之一就是暂时地、局部地改变农田小气候。例如果树在盛花期怕霜冻，人们在实践中懂得晚霜一般出现在"天雨新晴（湿度大）、北风寒切（温度低）"之夜，这时可将预先准备好的"恶草生粪"点着，使它暗燃生烟，就可免除霜冻。这种办法《齐民要术》已有记载。清代平凉一带还有施放枪炮以驱散冰雹，保护田苗的。

3 对"土"的认识和土壤环境的改造

创造人工小气候用于蔬菜花卉的促成栽培只能是局部的，从总体看，人们还不能控制和改造气候条件。土地的情况则不同，虽然各地的土壤环境是自然形成的，人们不能随意选择，从事农业生产首先要适应这种土壤环境，但土壤在很大程度上是可以改变的，地形在一定程度上也是可以改变的。对此，我国古代人民早就有所认识，从而自觉地把改善农业环境的努力侧重在土地上。耕作、施肥、排灌就是达到这个目的的主要技术手段。

（1）土宜论和土脉论。从事农业生产，尤其是种植农作物离不开土，《易经》中就有"百谷草木丽（依附）乎土"的说法。既然如此，人们在安排农业生产时，就不能不考虑不同地区土地环境的特点。我国人民很早就懂得这一点。传说周族先祖后稷，就已经"相（视察）地之宜"，发展农业生产。到了春秋战国时代，"土宜"（或"地宜"）成为人们普遍使用的概念。所谓"土宜之法"包括多层意思：一是在不同的土壤上种植不同的作物。如《管子》、《荀子》都谈到"相高下，视肥硗（音 qiāo，坚硬、瘠薄），序五种"，即要求根据地势高下、土壤肥瘠来安排农作物的种植，这不但是当时农夫的常识，而且是管理有关农林牧渔的官员的职责。二是在不同种类的土地上发展不同的生产项目。当时人们把山林、薮（音 sǒu）泽、丘陵、坟衍（河流两旁平坦肥沃之地）、原隰（音 xí）（广平低湿之地）统称为"五地"，有关官员要调查这五类土地的动植物资源，并在这基础上合理安排农林牧渔各项生产。三是按全国不同地区的特点发展农业，即注意农业的地区性。从此以后，因地制宜就成为我国传统农业生产最重要的指导原则之一。

这一个看起来十分浅显的道理，却是建立在对各类不同土壤的特性以及土地与植物关系深刻认识的基础之上的。

大约成书于战国时代的《尚书·禹贡》，讲述大禹平治水土后把天下划为九州，九州的土壤类别、地势高下、植被物产各不相同，因而要交纳不同等级和内容的贡赋。九州土壤共分 10 类：白壤、黑坟、白坟、斥、赤埴坟、涂泥、壤、坟垆、青黎、黄壤。其中壤、坟、埴、垆等指土壤质地，白、黑、赤、青、黄等指土壤色泽，色泽也反映了质地。据近人研究，"壤"一般指发生在黄土上的土壤和由它演变成的冲积土，土性和美。如雍川（今陕西中部、北部，甘肃东部）的原生黄土称黄壤；冀州（今山西和河北北部）土壤因含较多盐碱物呈白色，故称白壤；豫州（今河南）黄河两岸的冲积土直接称壤。"坟"是松隆而肥沃的土壤，一般指近期开垦的富含腐殖质的森林土壤，如兖州（今河北东部、山东西北部）的黑坟；青州（今山东东北部）丘陵坡地的土壤类此，但含较多盐碱物呈白色，故称白坟。该州广阔的海滨盐渍滩地称为

"斥"。长江中下游及其南境的荆州和扬州的黏质湿土则称"涂泥"。"垆"是坚硬致密的土壤。"埴"是黏质土壤。近人研究证明，《禹贡》这些记述大体符合我国土壤分布状况，英国著名中国科技史专家李约瑟称之为"世界上最古的土壤学著作"。

先秦时代另一部重要土壤学著作是《管子·地员》篇。它的前半部分记述了地势高下、水泉深浅各异的土壤，生长着各不相同的树和草，宜种不同的谷物。它把地下水位看作农业生产的重要生态因素，并注意到了植物垂直分布的现象。它的后半部把九州土壤分为 18 种，又按其肥瘠程度归纳为 7 类，并分别描述其性状，生长于其上的动植物和适宜的作物品种等。这篇文章揭示了一个真理：由于环境条件的不同，一定的土壤有一定的植被和生物群落，彼此依存，形成特有的生态系统，故被人们称为我国最古的生态地植物学著作。植物与土地的密切相关，文中称之为"草土之道"，这正是因地制宜发展农业生产的"土宜论"得以建立的理论基础。

《禹贡》和《地员》，标志着我国春秋战国时代已形成传统的土壤科学，这在当时的世界上是处于远远领先地位的。相比之下，同时代希腊和罗马的土壤学知识及有关术语是贫乏的，对土壤类别的划分往往满足于一些笼统的形容词，如壤质的、贫的、富的、薄的，等等。我国古代土壤学术语十分丰富。已故著名农史专家万国鼎曾从汉代及以前 20 多本著作中搜集了40 多个表示不同土壤类别与性状的名词，反映了我国古代人民对不同土壤特性的认识是何等深入细致。

中国古代土壤理论还有一个重要特点，即把土壤看作可以变动的物质，我们称之为土脉论。如果说土宜论阐明了农业生产必须适应土壤环境特点的道理，那么土脉论则为人们能动地改善土壤环境提供了理论依据。

早在西周时期，人们就用动态的观点观察土壤，把土壤中的温湿度、水分和气体的流通等性状概括为"土气"（或称"地气"）这样一个笼统的概念，把土壤看作有气脉的活的机体，这就是所谓土脉论。土壤气脉的变化要受气候变化的影响。西周虢（音 guō）文公谈春耕藉田，指出每年立春以后，土温上升，土壤中的水分和营养物质（土膏）开始流动，这就是土脉发动，土壤呈松解状态，这时要抓紧春耕，否则土壤就脉满气结，不长庄稼（《国语·周语》）。西汉氾胜之发展了这种理论，认为每年立春后、夏至和秋分，天气和地气的变动达到某种和谐状态，就是耕作的适期。

至迟战国时代，人们已认识到土壤的肥力是可以变化的。《吕氏春秋·任地》说："地可使肥，亦可使棘（瘠）。"其实不但肥力，土壤其他性状亦可改变。因此，耕作的任务就是，当土壤某种性状发生偏颇时，使之转变为适中状态。如"力者欲柔，柔者欲力；息者欲劳，劳者欲息；棘者欲肥，肥者欲棘；急者欲缓，缓者欲急；湿者欲燥，燥者欲湿"。这就是说，坚密的（力）土壤让它松软（柔）些，过于松软的让它坚密些；休闲（息）过的土壤要开耕（劳），耕种久了的土壤要休闲；瘦瘠的土壤要使它肥沃，过肥的土壤使它瘦些；肥力释放太快（急）的土壤要使它慢（缓）些，肥力释放慢的土壤要使它快些。《吕氏春秋·任地》称之为"耕之大方"。西汉氾胜之进一步把这五项要求概括为"和土"这样一个总原则。所谓"和土"就是使土壤达到刚柔、肥瘠、燥湿适中的最佳状态，这自然是以土壤性状可以变化为前提的。

东汉王充继承了土壤性状可变的观点，并明确指出低产瘠土转化为高产沃土的条件是"深耕细锄，厚加粪壤，勉致人功，以助地力"。地势的高下也可以用挖高垫低的办法使之改变（《论衡·率性》）。这种可用"人功"补助"地力"之不足的观点实际上是当时的常识。

西欧自罗马帝国后期以来，常常被地力衰退所困扰，以至形成了土壤肥力递减的根深蒂固的理论。类似的观点在我国虽然也曾出现，但从来不是主流。和这种悲观的论点相反，在地力可变论和地力人助论的基础上，我国形成了"地力常新壮"的主流理论。首先提出这一命题的是南宋的陈旉，他批判了"耕地种三五年以后，就会气衰力乏，不长庄稼"的观点，指出只要经常施肥，就能使土壤愈益精熟肥美，使地力经常保持新壮。这是我国传统农学的精粹之一。正是在这种思想指导下，依靠施肥改土和合理的耕作栽培，我国耕地种了几千年而总体上地力不衰，被外国人叹为奇迹。

陈旉还把土脉论和土宜论结合起来,他认为土壤的肥瘠美恶的差异,是由于其气脉类别不一所致。虽然"土壤异宜",但是只要针对其特点进行恰当的整治,都可以获得好收成。这和近代土壤学"没有不好的土壤,只有不好的耕作方法"的观点是十分相似的。在这里,土宜论已不再是单纯的适应土壤环境,而是重在能动地改良土壤环境了。这些观点,在后来的农学中也获得继承和发展。

（2）从"耕—耰—耱"到"耕—耙—耢—压—锄"。通过耕作措施创造良好的土壤环境,黄河流域旱地耕作体系是一个典型,它有一个形成发展的过程。

黄河流域气候比较干燥,年降水量虽不太少,但一般集中于高温的夏秋之际,漫长的冬春雨雪稀缺,尤其春季风沙多,蒸发量大,容易干旱;降水量年变化率大又加剧了这种状况。在《齐民要术》中常见"春多风旱"、"春雨难期"、"竟冬无雪"等话头,表明干旱是当地农业的最大威胁。

在我国上古时代,黄河流域薮泽沮洳（音 jǔ rù）较多,人们往往把耕地选在比较湿润的低平地区,使干旱的威胁在相当程度上获得缓解,但防涝排碱问题反而突出起来。解决的办法是通过开挖田间排水沟洫,形成长条形垄台,结合条播、合理密植、间苗除草等措施,建立行列整齐、通风透光的作物群体结构,这不仅改变了涝渍返碱的土壤环境,而且创造了良好的农田小气候。这一时期的土壤耕作比较简单,除了挖掘田间排水沟——"畎"时把土覆盖在田面上形成长垄（即所谓"掩地表亩"）外，只在播种前简单地松松土，随即播种。但由于春旱多风，播后必须马上覆种，这就是"耰"（音 yōu）。耰的本义是覆种，而兼有碎土、摩平之义。它起源很早，可以追溯到传说时代。开始是用耒耜等耕具兼而为之，后来出现了专用的覆种碎土工具——木榔头，也称作"耰"，或称"椎"。春秋时已成为每个农户的常备工具之一。当时还提出了"深耕熟耰"、"深耕疾耰"的技术要求。即要求"耰"得迅速及时，细致平整，其意义已超出简单的覆种，而着重在碎土和摩平，作用在防止表土水分汽化散失，保证种子出苗需要。由于当时牛耕尚未推广，耕和耰依附于播种的状态并未改变。说耕和耰往往把播种也包摄其中了。这时的所谓"深耕"，是相对于以前的直接为播种进行的简单松土而言，以见湿为度，目的之一在于利用底墒。春秋以前播种前的土壤耕作虽然粗放，但中耕却受到高度重视。从比较确切的材料看，中耕除草，古称"耨"（音 nòu），它的出现不晚于商代，周代已成为十分重要的农活。周天子每年要在藉田上举行耨礼。出现了专用的青铜中耕器——钱和镈（音 bó）。后来又从镈中分化出锄和耨（音 nòu，耨）。当时的中耕包括了除草、壅苗、间苗等内容。周人说："譬如农夫，是穮（音 biāo，除草）是蓘（音 gǔn，壅苗），虽有饥馑，必有丰年。"对中耕的防灾丰产作用已有所认识。

战国以后，黄河流域农田沟洫体系逐渐废弃，干旱的威胁显得更加突出。随着铁犁牛耕的推广，旱地耕作技术发展进入新阶段。西汉晚年的《氾胜之书》比较集中地反映了这种进步。由于牛耕，尤其是二牛抬杠式的耦犁在黄河流域的普及，土壤耕作摆脱了对播种的依附状态，可以在播种前多次进行。为了防止耕后土壤跑墒，每次耕后都要把地"摩"平，有的还要镇压一番，当时称为"蔺"（音 lìn）。大概已出现相应的畜力摩田器（即后世的耢）和畜力镇压器。如果是坚硬的黑垆土，要反复耕摩，使之形成松软的耕层，这就是所谓"强土而弱之"。如果是轻土、弱土，则要反复耕蔺，甚至驱赶牛羊去践踏它，使它紧实些，这就是所谓"弱土而强之"。冬天下雪以后，在冬闲田和冬麦田上也要反复地"蔺"，以防止积雪飞散。由此可见，不晚于西汉晚年，耕—摩—蔺的耕作体系已取代了以前的耕耰作业，它的作用，一是保墒，二是改土，为作物生长创造了更好的土壤环境。《氾胜之书》中又记载了各种作物的中耕要求，第一次把"旱锄"作为耕作栽培的基本原则之一。《氾胜之书》所记载的旱地耕作技术虽然有了很大进步，但也存在局限性。当时还没有出现畜力耙，表层以下翻耕起来的土垡难以破碎，相互架空，这样秋耕就难以发挥蓄墒和保墒的作用。《氾胜之书》虽然谈到秋耕，但重视的还是春耕。第一次春耕要在土壤解冻后进行，再耕或播种都往往要趁雨抢墒进行，这些都反映了当时旱地耕作保墒的能力仍然有限。

　　魏晋时期，我国北方旱地耕作技术又出现了一次飞跃，畜力拉耙的使用是其关键之一。关于畜力拉耙的记载始见于《齐民要术》，称为铁齿镉榛。而畜力拉耙的图像，在甘肃嘉峪关魏晋墓中已有发现，这是一种人字形的铁齿耙。畜力摩田器在《齐民要术》中称"劳"（见图17），也就是"耢"。耢只能使表土细碎，耙能使表层以下土垡破碎，切断和打乱土壤中的毛细管通道，使土壤底层水分不至于上升到表土被蒸发掉；同时它还能去掉草木的根茬。耙要和耢配合使用。每次耕翻后都要反复耙耢，就能形成上虚下实、保水保肥性能良好的耕层结构。耙耢有时还用于苗期的耱压保墒。

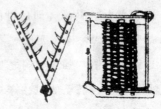

图 17　北方旱地使用的耙和耢

有了耕耙耢的配合，秋耕的作用就能充分发挥出来。魏晋以来，非常重视秋耕，一般春播作物都使用秋耕地，实在因牛力不足难以秋耕的，也要在庄稼收获后浅耕灭茬。我国降水夏秋多而冬春少，秋耕最大的好处是蓄秋雨以济春旱，这正是中国古代劳动人民聪明之处。但只有实行耕耙耢才能充分收蓄、长久保住秋墒。秋耕宜于深耕，因为即使翻出部分心土也有足够时间使其风化变熟，既能加厚土层，又能多蓄秋雨。春耕离播期太近，如果深耕，就难以得到秋耕的好处。所以，《齐民要术》中有"秋耕欲深，春耕欲浅"的耕作原则。此外秋耕还可以充分利用田间青草翻压作肥料。

土壤耕作中的镇压技术也有进一步发展，旱作中普遍实行播后镇压。有的在播后使用畜拉的耢，兼有覆种、耢平和镇压的功能。有的则使用畜拉或人拉的专用工具——挞。压上重物的挞称重挞。挞的作用是压紧浮土，使种土相亲，利于提墒保苗。它使用与否和如何使用要视墒情、气温、种子大小等情形灵活掌握，有时亦可以足代挞。

中耕技术的巨大进步表现在三方面：一是总结了锄早、锄小（草小时锄）、锄不厌数（音 shuò，频繁；不怕次数多）和按苗情墒情定锄法等技术要领；二是中耕农具的多样化，不但有传统的手工锄具，而且有畜拉的锋和镪（音 jiǎng，锋和镪都是没有犁壁的小型简便犁具）；三是对中耕作用认识大大深化了。例如《齐民要术·种谷》指出中耕的作用有"起地"（松土，切断土壤毛细管，提高保墒能力）、"除草"，令"地熟（熟化土壤）而实多，糠薄米息（出米率高）"，等等。可见，殷周以来的中耕技术到北魏时已臻于成熟。

上述"耕—耙—耢—压—锄"五个环节，构成黄河流域旱地耕作技术的完整体系。这一体系，在魏晋时期已告形成，并在《齐民要术》中获得了总结，以后的发展只是在这基础上的进一步完善。由于有了这一精细而巧妙的耕作体系，黄河流域春旱的威胁获得了缓解。

（3）从"火耕水耨"到"耕—耙—耖—耘—耥"。水稻对水土条件的要求不同于旱作物，南方的自然环境也不同于北方，因此南方水田的土壤耕作有不同于北方旱地的技术要求和发展途径。

　　最初的稻田大概选择在天然的低洼积水地，但在原始时代这些地段很难清理。后来人们发现这种低洼积水地经过鸟兽的觅食践踏，去掉草根，留下松软的泥泞，便是良好的耕地，于是有意识地利用来种稻。传说远古时代象为舜耕，鸟为禹田，就是这种情形的反映。后来人们加以模仿，把牛群驱赶到天然低洼积水地践踏，把草踩到水中，把土踩松软，即行播种，这就是"牛踩田"。近世海南黎族一些地区还保留这种生产习惯。有人推测，在河姆渡文化时代，水田的整治也曾广泛利用牛踩田，然后用骨耜加以平整。原始的水田耕作是耜耕与"踏耕"（牛踩田等）的结合，这一阶段大概是既不施肥，也不除草的。

　　从两汉到魏晋南北朝，关于南方实行火耕水耨的记载不绝于史，《隋书》也说："江南之俗，火耕水耨，食稻与鱼。"这种特殊的耕作方式至今仍引起中外研究者的兴趣，而众说纷纭。根据东汉人应劭的解释，所谓火耕水耨就是播种前把田中的草莱烧掉，然后灌水种稻；当杂草和稻苗一齐长起来，高七八寸的时候，把草割除，再放水淹灌，使草腐烂，而稻苗得以生长。这显然已不是最原始的水田耕作方式。在这种耕作方式下，人们已利用草莱的灰烬作天然肥料，并进行中耕除草。火耕也具有灭草莱、杀虫卵、增土温，改善长期渍水田块的土壤性状等作用。同时它又以粗具农田排灌设施为前提，往往与陂塘工程相结合。因为水稻收获后如不及时把水放干，草莱就长不起来，不能收火田之利；水稻播种后如不及时灌水，则不能满足水稻生长需要，也不能奏水耨之功。火耕水耨与精耕细作不同，它是以利用以至依赖自然力为特点、土地利用率低（往往实行休闲制）、技术简单、劳力投入少的粗放经营方式。它的形成与南方高温多雨、河湖密布、水源比较丰富的自然条件有关，更重要的是这种生产方式和当时南方地广人稀的社会经济条件相适应。一旦人口增多，火耕水耨就会被精耕细作所取代。

自战国至汉魏，北方旱地精耕细作体系已经形成，刀耕火种近于绝迹。习见北方集约化旱作农业的中原人在观察南方农业时，首先映入眼帘的是火耕和水耨这些依赖自然力的粗放生产方式，并以此概括南方农业，是不足为奇的。但火耕和水耨这些只是突出了南方水稻生产中的两个环节，并未言及生产过程的全部。在保持火耕水耨基本特点的水田农业中，可以容纳很不相同的实际内容，可以有一个由低到高的发展过程。而且南方水田实行火耕水耨的只是一部分。近年考古发现证明，这一时期南方存在一些相当进步的水田生产技术和方式，只是因为没有引起中原人的注意而失载罢了。如 20 世纪 60 年代在广东佛山市郊澜石东汉墓出土的陶水田模型和广东连县出土的西晋犁田耙田模型，反映当时岭南一些地区已使用单牛牵引的耕犁和适用于水田的耖耙，实行育秧移栽，施用底肥，农田灌溉也相当讲究。前者还展示了在不同田丘中同时分别进行收割、脱粒、耕地、栽秧的双季连作稻抢种抢收的场面。这比《齐民要术》记载的"北土高原"的稻作技术要进步得多。我国黄河流域东汉时已有"别稻"的记载，但那是为了除草方便，把稻苗拔起，除草后栽回本田，并无专门的秧田。佛山澜石出土的东汉水田模型所反映的栽秧，则是为了适应种植双季稻的需要而实行的，应有专门的育秧田。据《广志》记载，不晚于晋代岭南稻作民已在十二月种苕（音 tiáo）子于稻下，这是我国种植豆科绿肥的最早记载。岭南还培育了不少稻种，如蝉鸣稻至迟在 6 世纪已传到河南中部。可见，从两汉到魏晋南北朝，北方精耕细作旱作农业虽在全国居于先进地位，但就水稻生产而言，南方不一定比北方落后，某些方面甚至比北方先进。这些稻作技术是后来水田精耕细作体系的组成部分。

唐宋时代臻于成熟的南方水田精耕细作体系的特点之一，是多熟种植比之北方旱作有更大更快的发展，而育秧移栽是实行多熟种植的技术关键之一，这种技术唐代已普及于南方各地。育秧移栽对稻田的耕作提出了很高的要求，不但要求大田土块细碎，而且要求水土和匀，形成平软的泥层。魏晋时代岭南出现的耖耙，正是适应了这一要求。唐代江南出现了曲辕犁和方耙，并使用木制的碌碡（音 liù zhóu）和磟碡（音 lì zé）整地。宋代，耖耙传到了江南，形成水田耕作的耕—耙—耖系列。曲辕犁有修长的犁床和锋锐的犁镵（音 chán），适于在土质比较黏重的水田耕作。方耙比之一字形和人字形的旱地耙形体更大，结构更牢固，便于人站在其上在水田操作。耖上有横柄，下有列齿，其齿倍长于耙齿而且更密，使用时人用两手按耖柄，使列齿入土，前面用畜力挽行。耖在耕耙后使用，作用是疏通田泥，使水泥充分混合软熟（见图18）。

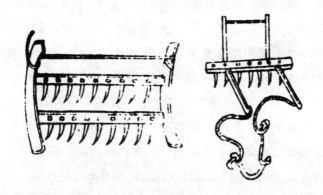

图 18　南方水田使用的耙和耖

　　水田中耕很受重视，传统方法是手耘和足耘，把乱草压踩在泥中。为了保护手指，有耘爪的创制。元代江浙地区又发明一种叫耘荡的中耕农具，在一块木板下安上20多个钉齿，上有长竹柄。用它推荡禾垄间的草泥，比手足耘田效率提高数倍，又可使田泥和匀精熟。这是稻田中耕技术的一大改进，后来发展为一种专门的工序，名为耥。有人用耕—耙—耖—耘—耥来概括南方水田精耕细作的耕作体系。

　　水田耕作与水浆管理分不开，共同创造良好的稻田土壤环境。基本要求之一是既要满足水稻生长各阶段对水的需要，又要避免稻田因长期渍水而温度不足、通气不良的弊病。如冬闲田的耕作须视不同情形而异：土性阴冷地区冬天深耕晒垡，春天烧薙（音 tì，割掉的草）熏土；一般平坡易野，则平耕深浸，灭草沤肥。

145

秧田则冬季晒垡熏土并举，春季再三耕耙施肥，使田精熟平荡。在水稻生长期间则有烤田技术，最早出现于北魏时期的江淮地区，宋代又有发展。陈旉《农书》记载江南水稻耘田采取"旋干旋耘"的办法，耘过的田要在中间和四旁开又大又深的沟，把水放干，至田面坼裂为止，然后再灌水。这样做，可以提高地温，促进氧化，"胜于用粪"。这种办法至今仍在采用。

水稻与"春稼"水旱轮作一年两熟的制度，在很大程度上也是为了解决上述问题而创造的。陈旉说这种办法可以"熟土壤而肥沃之"，有利于明年种稻。为了克服稻田渍水，土壤黏重，不利冬作物行根的困难，把冬作田修成垄，垄间有沟，垄中还有腰沟，以利泄水。这种水旱轮作的耕作技术是南方水田耕作体系的一个组成部分。

（4）惜粪如惜金、用粪如用药。施肥是给作物生长创造良好环境条件的另一重要措施。我国农业土地利用率不断提高，是以恢复和培肥地力技术的进步为前提的。地力的恢复，在撂荒制下，完全依赖自然的过程；在休闲制下，已有人工干预的措施，如在休闲地上芟（音 shān）除草木，并用水淹或火烧，使之增加土壤肥力；在连种制下，则主要依靠人工施肥。我国何时开始有意识地施用肥料，目前还有不同看法。有人根据甲骨文中有"𤰭田"是人拉屎的样子，"𤰭田"即"屎田"，认为商代已开始施肥；也有人持反对意见。但无论如何，施肥受到比较普遍的重视，显然是连种制开始代替休闲制的战国时代。当时人们要求

"积力于田畴，必用粪（施肥）灌"（《韩非子》），而"多粪肥田"已被认为是"农夫众庶"的日常任务了（《荀子》）。汉代人把"务粪泽"作为耕作栽培的基本原则之一（《氾胜之书》），并把人工施肥看作改良土壤的主要措施之一（王充《论衡》）。宋以后，人们对施肥的增产作用和维持、培肥地力的作用的认识更加深刻，要保持"地力常新壮"，靠的就是施肥（陈旉），人们认为"粪田胜于买田"（《农桑辑要》），甚至到了"惜粪如惜金"（《王祯农书》）的地步。"勤耕多壅（施肥），少种多收"（《补农书》）成为传统农业的基本原则。

为了多施肥料，人们千方百计地开辟肥源，我国历史上肥料种类不断增加。到了明清时代，有人以农书中有记载的肥料作了统计，计有粪肥 10 种，饼肥 11 种，渣肥 12 种，骨肥 6 种，土肥 5 种，泥肥 7 种，灰肥 3 种，绿肥 24 种，稿秸肥 4 种，无机肥 11 种，杂肥 40 余种，总计 130 余种。这些多种多样的肥料，从其来源和演变看，可以分为两大类型。一部分直接取自自然界，例如早在战国时代人们就割取青草、树叶等烧灰作肥，这大概是从刀耕火种时期焚烧草木获得启发而产生的；以后又广泛利用草皮泥、河泥、塘泥等，水生萍藻也在收集之列。更多的则是来源于人类在农业生产和生活中的废弃物，诸如人畜粪溺、垃圾脏水、老坑土、旧墙土，作物的秸秆、糠秕、老叶、残茬，动物的皮毛骨羽等，统统可以充当肥料。肥料古称"粪"。"粪"的本义是"弃除"（《说文》），后来人们把包括人畜粪溺在内的弃除物用作农作物的肥料，"粪"就逐渐成为肥料的专称了。粪字字义的这种变化，说明古人很早就懂得农业内部的废物利用，变无用之物为有用之物。由上述两类衍生出的肥料中，最重要的是绿肥和饼肥。

人工栽培的绿肥是由天然肥发展而来的。早在周代，人们就认识到把芟除后的田间杂草蕴积起来，可以肥田增产。西汉《氾胜之书》要求春天初耕后要等青草长出后再度翻耕，就是为了让青草烂在地里作肥。《齐民要术》中也指出秋耕时以掩压青草作肥最为上策。进一步是有意识种植绿肥，从岭南稻田冬种苕子开始，绿肥作物种类不断增多。《齐民要术》认为绿豆、小豆、芝麻等种作绿肥，其肥效与蚕矢（屎）熟粪相同。汉魏时期，由于肥料种类不多，数量尚少，一般被集中施用于菜圃、麻田和小面积丰产田。绿肥出现后，被广泛种植于夏闲地，实行粮肥轮作，我国农田施肥的范围就大大扩展了。

榨油后的枯饼、酿造后的渣糟，也属"废弃物"的范围，但又超越于一般的农家肥。陈旉主张用麻枯作秧田基肥，但麻枯要杵碎，和以火粪（熏土之类），放在地窖中，待充分发酵后方能使用，这是我国用榨油后的枯饼作肥料的首次记载。宋代豆饼、菜籽饼亦已用作肥料。明代，仅据徐光启的手札所记，饼肥就有豆饼、花核饼、菜籽饼、麻饼、柏饼、楂饼、大麻饼、小油麻渣、青靛渣、真粉渣、果子油渣、豆渣、糖渣、豆屑、花核屑、酒醋、败糟等十多种。饼肥成为化肥传入以前最为优质高效的商品肥料。普遍使用饼肥是明清农业的特点之一。盛产大豆的东北成为豆饼的主要供应地，江南等地农民每年要从外地购进大量豆饼作肥料。

此外，我国传统农家肥虽以有机肥为主，但无机肥也有使用，种类有石灰、草木灰、骨灰、硫黄、砒、黑矾、卤水、蚌蛤蚬壳灰等，宋明以后使用更为广泛。

肥料要经沤制加工，促其发酵腐熟，以提高肥效，古称"酿造"，起源颇早，方法多样。清代《知本提纲》提出了"酿造粪壤"的十法，总结了人粪、牲畜粪、草粪、火粪（包括草木灰、熏土、炕土、墙土等）、泥粪（河塘泥）、骨蛤灰粪、苗粪（绿肥）、渣粪（饼肥）、黑豆粪、毛皮粪等十类传统农家肥的沤制加工方法。明代还出现了用大粪、麻糁（音 shēn，碎屑）、黑豆、鸽粪、动物尸体、内脏、皮毛、黑矾、砒信、硫黄等混合，入缸密封，腐熟后晾干敲碎而成的"粪丹"，这是我国古代的浓缩混合肥料。

施肥方式和技术也很讲究，有种肥、基肥和追肥。由于上古没有独立于播种的土壤耕作，仅在松土开沟后即行播种，所以最初的施肥方式大概是把肥料和种子混合在一起播种，相当于后世的种肥，或介于种肥与基肥之间的特殊方式。《周礼》中提到的"粪种"属于此类。所谓"溲种"即渊源于此（详见后文介绍）。汉代除种肥和基肥外，追肥亦已出现。但牛耕推广以后，基肥是长期以来主要的施肥方式，追肥使用不多，主要见于蔬菜生产。明清时期，大田生产中的基肥和追肥均有发展。如《沈氏农书》把基肥称作"垫底",追肥称作"接力"。"垫底"对庄稼生长最为重要,"接力"亦不可忽视。而施用"接力",应"相其时候,察其颜色",如在禾苗做胎(孕穗)叶色正黄时下追肥,这和今日看苗施肥的经验正相吻合。如何施肥才能以最小的工本取得最大的效果,南宋陈旉提出"用粪犹用药"的"粪药"论,认为要因土制宜才能"用粪得理"。这种理论为后世农学家所继承和发展。清代的《知本提纲》进一步总结了施肥和应注意土宜、时宜、物宜的"三宜"原则。

(5)代田、区田及其他。在综合运用耕作、施肥、灌溉等项技术方面,我国还创造了一些特殊的高产耕作栽培法和改造低产田的办法。现择其要者介绍如下:

第一,代田法。这是汉武帝时赵过所提倡推行的。汉武帝末年,由于连年征伐、兴作,使用民力过甚,农村经济凋敝,武帝决心恢复农业生产,任命赵过为搜粟都尉。赵过在参酌损益畎亩古法的基础上创造了代田法。其方法是,把六尺宽的沟开成三沟三垄,种子种在沟中,出苗后锄垄土壅苗,渐至垄平,这样做可以防风抗旱。同时又采用耦犁作垄、耧车条播等措施,大大提高了劳动生产率,收到"用力少而得谷多"的效果。垄和沟的位置年年轮换,也就是耕地中利用部分和间歇部分轮番交替,代田法由此而得名。这样做,耕地得以劳息相均,用养兼顾。这是在连种制取代了休闲制条件下调节耕地劳息的方法。代田法经过试验、示范后,在首都长安所在关中地区和西北边郡屯田区推行，收到了明显的增产效果，对当时农村经济的恢复起了相当大的作用。

代田法渊源于先秦的畎亩法，都采取垄作的形式。所不同的是，畎亩法主要为了防洪排涝，把庄稼种在垄上；代田法主要为了防风抗旱，庄稼种在沟里。畎亩制时期主要使用耒耜，仅能"掩地表亩"，耕作比较粗放；而代田法农田整治已使用先进的耦犁了。值得注意的是代田法每年作垄沟时施行犁耕的很可能仅仅是作沟的部分耕地，同时又以中耕作为它的补充。这是一种犁耕与耨耕相结合的半面耕法，它代表了我国北方旱地耕作法的另一种传统。虽然在耕—耙—耢耕作体系形成后，黄河中下游全面耕翻的平翻法已基本取代半面耕作垄沟的代田法，但垄作在东北等地区仍然继续存在和发展。下文谈到的氾胜之区田法中的宽幅区田，也吸收了代田法中的某些技术因素，而带有代田法某些特点的垄沟种植法，在某些自然条件比较特殊的地方（如黄土高原沟壑区）仍被作为抗旱丰产的有效措施而被应用。在采用现代机械的条件下，鉴于全面耕翻和多次耕翻能源消耗大，对土壤结构有不利影响，现代西方一些国家（如美国）提倡免耕法，但免耕法也有它的弊病。我国农业科学工作者在我国传统垄作少耕法的基础上，创造了间隔深松虚实并存的耕作方法和理论，既优于机械化平作耕翻法，亦优于美国式的免耕法，已引起国际土壤耕作学界的充分重视和高度赞扬。这也是在现代条件下对我国旱地农业精耕细作耕作技术传统的继承、发扬和升华。

第二，区田法。这是西汉末年汜胜之提倡推广的抗旱丰产耕作法，据说也起源于商汤时代。"区"读作"欧"，其原义是地面洼陷下去的地方。区田布局有两种形式：一种是宽幅式，即把宽4.8丈、长18丈的一亩地分成10.5尺宽、48尺长的15町，町间留1.5尺的走道，町中相间1尺开出宽深各1尺的沟，庄稼种在沟中，与代田法相似；另一种是方穴式，根据土壤肥力的不同，分为上农夫、中农夫、下农夫区三类，区的大小、密度、每亩区数各不相同，但都是做成深6寸、方6~9寸的方形小穴，庄稼种在穴中。宽幅式区田适于平野，方穴式区田适于丘陵或难以连片种植的地方，但都是采取深翻作区、集中施肥、等距点播、及时灌溉等措施，以夺取高额丰产。它和代田法都属于精耕细作范畴的抗旱高产栽培法。但代田法在争取提高单位面积产量的同时，还力求提高劳动生产率，它对牛力农具的要求比较高，适于较大规模的经营。而区田法则着重于提高劳动集约程度，力求少种多收，由于它"不耕旁地"、"不先治地"，也不一定要求连片耕地，丘陵、陡坡、土堆、城墙等均可作区，所以不一定采取铁犁牛耕，但作区、施肥、灌溉、管理却要投入大量的劳力，相比之下，它更适合于缺乏牛力和农具、经济薄弱的小农经营。据《汜胜之书》记载，区田可以达到"亩产百石"（合今每市亩4000斤左右），一对丁男长女经营区田一年收获可支26年口粮，这是十分诱人的图景。历代都有推行区种法的，明清逐渐形成全国性人多地少格局，为在耕地不足条件下寻找解决粮食问题的出路，搞区种试验的人更多，但始终没有超出小规模试验的范围。从历代试验，包括20世纪50年代试验的材料看，区田法确能抗旱高产，但产量未必如《氾胜之书》宣传的那么高，而且费劳力太多，难以大面积推广。倒是历代遇到牛疫或旱灾时，常推行区田法，作为济贫救急的措施。区田法虽然难以大规模推广，但它的精耕细作，少种多收的思路和技术要领，已融汇于后世的科学技术中，体现区田法遗意的"坑田"、"丰产窝"等长期在民间流行，至今仍在农业生产中默默地发挥着抗旱增产的作用。

第三，亲田法。这是清代耿荫楼针对山东海滨地区"种广收微"的情况设计的。办法是每年轮流在全部耕地中选出部分耕地，加倍精耕细作、施肥灌水，既能旱涝保收，又能轮流培肥地力。例如有百亩田，每年"亲"二十亩，五年轮亲一遍，使薄地皆成肥田。

第四，砂田。这是明朝中期甘肃中部陇中贫瘠山区创造的一种改造低产田的办法。当地降雨量小，蒸发量大，无霜期短，水资源不足而地下水含量高，砂田是针对这种自然条件而设计的。办法是，土地耕后施足底肥，耙平踏实，然后分层铺上砂石，在砂石的覆盖下造成保温、保墒、保土、压盐的土壤环境。这种田收成甚好，只是造田和改铺要花费大量劳力，堪称农业技术上的一项奇迹。近年来推广的地膜覆盖栽培已成功地代替了砂田覆盖，其效果与新砂田相同而优于老砂田，不但大大降低成本，而且解除了繁重的体力劳动负担，这也是现代科学与传统技术相结合的一例。

　　我国古代人民在改造低产田方面还有不少创造，如华北多盐碱地，除上文谈到的沟洫排盐、种稻洗盐、放淤压盐外，还有种植苜蓿和耐盐树种治盐，以及深翻窝盐等办法。南方多冷浸田，又有犁冬晒垡、开沟烤田、熏土暖田和施用石灰、骨灰、煤灰等办法。我国现有的许多耕地原来的条件并不好，是历代人民加以改造才成为良田的。这样的土地外国人称之为"边际土地"，是很少利用的。这一事实表明中国人在与大自然斗争中是有高度智慧和毅力的。

 动物生产中对环境的适应与改善

　　上文谈的是在我国传统农业中如何处理植物生产与环境条件——"天"与"地"的关系。那么，我国古代人民又是如何处理动物生产与环境条件关系的呢？

　　（1）动物生产中的"无失其时"。畜禽不像农作物那样生长收藏完全依自然界冷暖变迁而转移，但它的生息活动同样受气候节律的制约，因此动物生产同样要遵守时令，在上古时代显得尤为重要。后世牲畜在人工饲养已久的条件下，发情期的季节性已不明显，但上古时代牲畜驯化时间还不长，保持了某些野生状态下形成的性状，发情在很大程度上受气候影响，表现为明显的季节性。根据这种情况，夏商周三代实行平时公母分群放牧，仲春之月（夏历二月）合群交配的制度。这就是所谓"中春通淫"。因为中春正是万物复生、牛马发情的季节。在这期间要除掉诱捕野兽的种种设施（如陷阱），使种畜不致受到伤害。配种以后，仍分群放牧，并把还在欢腾不已的公畜拘系起来，以保护孕畜。据《夏小正》、《周礼》、《礼记·月令》等记载，当时政府对大畜群的管理，正是建立在这种分群放牧、定期交配制度的基础之上的。

畜牧生产中的时令还有其他意义。孟子说："鸡豚（音 tún，小猪）狗彘（音 zhì，猪）之畜，无失其时，七十者可以食肉矣。"据古人解释，这是指"孕字不失时"。"字"是生育的意思。这包括适时交配在内，但又不限于适时交配，这在羊的牧养中反映得更为明显。羊的牧养与牧草的丰啬关系极大，因此羊的"孕字"时间的选择要适应牧草荣枯的自然规律。《齐民要术》指出，最好选择腊月至正月出生的羊羔作种，因为这时下羔的母羊怀孕时正值秋季草肥，故能健壮多乳，而小羊断奶时又可接上春草。至今我国西北牧区还有选留冬羔作种的习惯。家禽的选种也有类似经验。《齐民要术》指出鹅鸭要选择"一岁再伏者为种"。"再伏"指第二次孵化，一般在三、四月间，这时天气转暖，春草初生，白昼放养时间长，苗鹅、苗鸭能健壮生长。

牲畜的放牧要按照一定时令。《左传》中有"凡马，日中而出，日中而入"的记载。日中指春秋分，春分后百草繁生，开始放牧；秋分后，水寒草枯，转回舍饲。这种经验从春秋一直延续至唐代以后。羊的放牧也要因时制宜，如《齐民要术》总结了牧羊"春夏早放，秋冬晚出"的原则，因为"春夏气软，所以宜早，秋冬霜露，所以宜晚"，等等。

（2）畜禽的舍饲。畜禽的生长也离不开土地，但它不像农作物那样固定生长在一个地方，而是可以到处移动的。在放牧条件下，人们不可能对牧场进行大规模的耕翻、施肥和灌溉，但早在先秦时代，人们已实行"孟春焚牧"的制度，即在夏历正月焚烧牧场，以除去陈草，促进新草的萌生。以后又出现了保护和合理利用牧场的若干措施。但如完全依靠天然牧场，畜禽生产受到很大限制，如把畜禽在一定时期集中到一定的地点，在人工控制的环境中实行人工喂饲，既可减轻寒暑和虎狼的威胁，也可免除冬天天然牧草供应不继之虞。这就是所谓舍饲。我国农区畜禽生产很早就实行放牧与舍饲相结合的制度。在陕西省西安半坡和临潼姜寨仰韶文化遗址中，已发现有牲畜栏圈和夜宿场的遗迹。甲骨文中有表示牛舍的牢（圂）字、表示猪圈的圂（圂）字，表示马厩的厩（圂）字等，冂、口均表示树棚为栏，圈养牲畜。放牧与舍饲相结合是我国畜牧生产一大特点，并在这方面积累了丰富的经验。

养马，早在先秦时代已实行秋冬厩养，春夏放牧的制度，但马匹夏天放牧时也要设置凉棚，所谓"温厩凉庑"。马厩中要垫草，春季始牧时要将垫草清除，冲洗马厩，以保持清洁，马厩中还要有铁椹等加工饲草的设备。《睡虎地秦简》中记载了秦国通信联络用的"传马"的廪食标准。《齐民要术》总结了合理给予饲料和饮水的所谓"食有三刍，饮有三时"的养马经验。

汉唐的官营养马业继承和发展了这些经验，并建立了大规模的饲料生产基地，使养马呈现一片繁荣景象。

关于耕牛的饲养，陈旉《农书》总结了一套经验，中心是要保持牛舍的清洁和饲料的精细。春初要把牛栏中的粪尿和蓐草清除干净，平时每10日打扫一次，防止"秽气蒸郁，以成疫疠"。饲牛的料草要洁净、要曝干、切细，和以麦麸、谷糠、碎豆，并保持微湿。宋代周去非谈到两浙人养牛，冬月密闭牛栏，垫上厚厚的禾稿，天暖日丽，牵牛外出活动，去掉脏草，换上新草，并为牛准备充足的饲料。

羊在冬季也要转入舍饲，以避风霜。《齐民要术》指出：羊圈要与住房相连，在北墙外搭厂棚，住房要有窗户向着羊圈，圈内要填高地面，开洞排水，使圈内没有积水；雨天清扫一次，以免污染羊毛；圈内四周竖以栏栅，使高出围墙，作用是防止羊身揩墙污毛和猛兽入圈。这是针对羊性怯懦、怕热、爱干净和干燥等特点设计的。为了实行舍饲，必须备足冬季饲料，为此贾思勰又提出种大豆作青饲料的计划。我国农区养羊一般实行季节性舍饲，但宋以后太湖流域形成的湖羊却实行全年舍饲。因为湖羊的祖先是北方传入的蒙古羊，太湖流域潮湿多雨，牧地稀缺，不宜蒙古羊的放牧，当地人民便采取舍饲办法，春夏割青草喂饲，秋冬草枯则以养桑蚕余下的桑叶蚕矢为饲料。由于桑叶蚕矢性凉，蒙古羊逐渐适应了新的环境，并形成了新的羊种——湖羊。

猪在很长时期内也是实行放牧与舍饲相结合的。

汉代，出土了大量的猪圈模型，又有不少关于牧猪的文献记载，即为明证。大概是白天放牧，晚上圈养；平常放牧，冬天圈养。《齐民要术》中记载，猪饲料的供应计划是：春夏放牧，每日补饲少量糟糠；八、九、十月放秋茬，营养丰富，可以不补料，这一阶段所有糟糠积蓄起来留待穷冬春初时舍饲之用。书中还提出了"（猪）圈不厌小，处不厌秽，亦须小厂，以避风雨"的原则。因为圈小限制猪的运动便于育肥；猪不怕脏，污泥浊水反可降温避暑。到了明清时期，养猪已逐步转向以全年舍饲为主，也积累了不少经验。如清代杨屾（音 shēn）的《豳（音 bīn）风广义》总结了农家的养猪经验，提出了"六宜八忌"的原则，中心是根据猪的特性创造适宜的生活环境和给予科学合理的喂饲，这较之《齐民要术》有不少进步之处。

舍饲有利于牲畜的育肥。据《周礼》所载，当时选作祭祀的用牲，要由"充人"负责把它们关在"牢"里喂养 3 个月。上古畜圈称"牢"，祭祀中作牺牲的牲畜亦称"牢"，如用牛、羊、猪称"太牢"，只用羊、猪称"少牢"。利用特殊的舍饲条件快速育肥，在家禽生产中也较为突出。《齐民要术》介绍了养鸡令速肥的方法：把鸡养在围墙内，上搭小棚，斩去鸡的翅翎，多用秕、稗、胡豆之类喂养它。如要供食，另作围墙，蒸小麦喂它，三五日就能肥大。如要多下蛋，则多喂谷。宋代《居家必用事类全集》记有栈鹅易肥法：把鹅放在砖盖小屋内，不让它转侧，用木棍把门扦定，只让鹅伸出头来吃食，喂以煮熟的稻谷，日喂三四次，晚间多喂，不让住口，这样五日就能肥大。同书还记载了类似的栈鸡易肥法。这类方法主要是限制家禽运动，集中精料喂饲，体现了集约经营原则的畜牧生产方式。明清时期，农区的一些经营地主趁牧区草枯、贫苦牧民缺乏过冬饲草时低价购进羊只，利用农区的秸秆和其他农副产品，实行舍饲囤肥，以谋高利，被称为"栈羊法"。

与畜禽舍饲类似的有家蚕的室养。《夏小正》中有"妾子（养蚕女奴）始蚕，执养宫事"的记载，"宫"就是蚕室。可见蚕很早就由野外放养转为室内饲养了。秦汉时人们认识到蚕忌寒饿，喜温饱，开始在蚕室中蓄火加温，促进蚕儿成熟。西晋嵇康指出养蚕要掌握好"桑火寒温燥湿"六个字，大体概括了家蚕对外界环境条件的要求。后来人们又懂得蚕儿见光则食，食多则长。《齐民要术》要求在蚕室四面开窗，用纸糊上，并装上窗帘，饲蚕时卷起，喂完放下。元代《农桑辑要》把前代农书所载养蚕经验汇总为"十体、三光、八宜、三稀、五广"十个字。这十个字涉及养蚕技术的各个方面，其中也包括如何在室养条件下为蚕儿的生长创造最适宜的外界条件。例如"十体"中的"寒温"就是指掌握适当的温湿度。当时没有温度计，要蚕母以身测温。蚕母要穿单衣，若自觉身寒蚕亦必寒，便添熟火；若自觉身热，蚕亦必热，约量去火。又如"八宜"："方眠时宜暗，眠起以后宜明，蚕小并向眠宜暖、宜暗，蚕大并起时宜明宜凉，向食宜有风（避迎风窗），宜加叶紧饲，新起时怕风，宜薄叶慢饲"。它概括了应该注意的蚕的饲养环境的全过程,这和农业上的"精耕细作"精神是完全一致的。

 ## 良种选育与种子处理

在长期的农业生产实践中,我国人民对各种农业生物——农作物、林果、畜禽、蚕、鱼等的特性的认识越来越深入,他们把提高农业生物自身的生产能力作为增产的重要途径,并在这方面积累了丰富的经验,创造了精湛的技术。良种选育就是其中的重要措施之一。

这里所说的良种选育,严格地讲,它包括了两方面的内容,一是选择作物、林果、畜禽等的优良个体进行再繁殖,二是培育新品种。事实上,这两方面是难以截然分开的,因为正是在选择优良种子、种畜繁殖的过程中逐步培育出新品种的。

(1)去劣培优结硕果。选育良种的工作很早就开始了。事实上,作物的驯化就是人工选择的过程,是按照人类需要逐步加强其有利性状,克服其不利性状的过程。生物的变异层出不穷,人类的需要多种多样,不同品种由此形成。《诗经·生民》追述周族先祖后稷时已出现"嘉种",即良种:秬(音 jù)是黑黍,秠(音 pī)是一壳两米的黍,穈(音 mén)是赤茎粟,芑(音 qǐ)是白茎粟。周代按播种先后和收获早晚划分作物品种类型:先种后熟的叫"穜"(音 tóng),后种先熟的叫"稑"(音 lù)。据说当时有叫"司稼"的职官，负责调查各地品种资源，并指导老百姓因地制宜地采用不同品种。战国人白圭说："欲长钱，取下谷；长石斗，取上种。"意思是：想赚钱，要收购便宜的粮食；想增产，要采用好种子。表明人们已认识到采用良种是最经济的增产方法。后世又有用"母强子壮"来说明良种的增产作用的。

最早带有育种意义的选种方法大概是田间穗选。在我国一些原始农业民族中已经可以看到穗选的实践。在现存的古代文献中，《氾胜之书》最早记载了从田间选取强健硕大的禾麦穗子作种的穗选法。后来的混合选种法和单株选种法都是在这个基础上发展起来的。

贾思勰在《齐民要术》中强调种子要纯净，指出混杂的种子有成熟期不一，出米率下降等弊病。为此，要把选种、繁种和防杂保纯结合起来。他介绍的方法是：禾谷类作物要年年选种，选取纯色的好穗，悬挂起来，明年开春后单独种植，加强管理，提前打场，单收单藏，作为第二年的大田种子。这种田类似于现在的种子田，这是混合选种法。在西方，德国育种家仁博1867年首先用这种方法改良黑麦和小麦，比《齐民要术》晚了1300年。明清时代混合选种法又有发展，除加强栽培管理外，又在穗选基础上增加粒选，所谓"种取佳穗，穗取佳粒"。

单株选种法是选取一个具有优良性状的单株或单穗，连续加以繁殖，从而培育出新品种来。这种实践应该早就存在，但文献记载却较晚。清康熙皇帝在《几暇格物编》中说到，乌喇（今吉林省吉林县内）

有棵树的树洞中忽然生出一棵白粟，当地人用它繁殖，"生生不已，遂盈亩顷，味既甘美，性复柔和"。他由此悟出一个道理：过去没有而后来出现的良种，大概都是这样培育出来的。他运用这个方法在丰泽园选育出著名的早熟"御稻"，曾作为双季稻的早稻种在江浙推广。这种育种法，清末包世臣称之为"一穗传"。

我国古代还有一些特殊的选种法。如《齐民要术》介绍甜瓜的选种法：年年先收取"本母子瓜"，截去瓜的两头，只留中间瓜籽作种。甜瓜有主蔓不结瓜、子孙蔓才结瓜的特性。本母子瓜是长在近根部的最早分枝的子蔓上展开最初几片真叶开放时结的瓜，其种子具有早熟性。其所以要去掉两头，是因为那些部位的种子会产生细曲短歪的畸形瓜。根据现代生物学的生物全息律，生物机体的一些特定部位对特定性状有较强的遗传势，以本母子瓜的中央子作种，与现代全息定域选种法的原理相通。

我国古代农业在长期的发展中，培育和积累了大量的作物品种资源。早在成书于战国的《管子·地员》篇中，已有各类作物品种及其适宜土壤的记载。晋代《广志》和北魏《齐民要术》对作物品种的记述，无论数量和性状都有很大的发展。仅《齐民要术》所载粟、粱、秫的品种就有 106 个。唐宋以后，作物品种更为丰富，又以水稻品种为多。明代黄省曾写的《理生玉镜稻品》，是我国第一部记录水稻品种的专著，共记述 35 个品种。清代李彦章的《江南课耕催稻篇》，收集了各地早熟稻和再熟稻的大量资料。官修大型农书《授时通考》中，收录部分省、州、县的水稻品种即达 3429 个。丰富的、各具特色的品种资源，不但满足了人类生产和生活上的各种需要，而且是育种工作的基础，对农业的今天和明天，具有不可估量的意义。

（2）善藏种、巧处理。有了好的种子，还要收藏得法，播种前进行恰当的处理，才能保持和增强其生命力。传说古代有"后宫藏种"的制度，其起源大概是原始人认为能生育的妇女对种子的萌发生长能产生某种神秘的作用。这虽然是缺乏科学根据的，但也表明古人早就重视良种的保藏。《诗经·生民》中也透露了古人很早就进行播前选种或浸种的信息。不过，关于种子收藏和处理的科学总结和系统记载是从《氾胜之书》和《齐民要术》开始的。

古人认识到，因种子含水量太多或环境湿度大而引起种子发热变质，是种子收藏中的大忌。这种情形就是所谓"浥（音 yì，沾湿）郁"，浥郁的种子不能发芽，发了芽也会很快死亡。解决办法一是藏种的环境要干燥，二是收藏前晒种，去掉种子中过多的水分。尤其是麦种，容易生虫，必须曝晒得极为干燥，并伴放着艾草等药物密封储藏。

播种前的处理，第一个环节是水选，以去掉浮在水面的秕粒杂物，以后的泥水选种和盐水选种都是在这一基础上发展起来的。第二个环节是水选后的晒种，《齐民要术》反复强调它。现代科学证明，晒种可增加种皮透气性，降低种子的含水量，提高细胞液浓度，从而增强播种后种子的吸水能力，使之发芽整齐，是一项经济有效的增产措施。第三个环节是浸种催芽。种子经过催芽，有利于早出苗和出全苗。尤以水稻浸种催芽最为要紧。但也要视不同作物和具体情况而异，如水稻催芽"长二分"，早稻只要谷种"开口"露白；麻子雨泽多时催芽，雨泽少时仅浸种不等芽出，等等。

《氾胜之书》记载了一种被农史学家称为"溲（音 sōu，浸泡）种法"或"粪种法"的特殊的种子处理法：用粉碎的马骨煮汤浸泡附子（一种中药，有毒）数日，去掉附子加蚕屎、羊屎等调成稠粥状，播前 20 天用以浸拌种子，反复浸拌六七次，然后晒干保藏，准备下种。据说种子经过这种处理，能防虫抗旱增产。这是由上古时代粪种法发展而来的拌种法，相当于现代的包衣种子，它出现在 2000 多年以前，实在是很不简单的一件事。在溲种中，马骨汁还可以用雪水替代，雪水被认为是"五谷之精"。近代科学证明，雪水与普通雨水成分不同，雪水因含重水少，能促进动植物的新陈代谢。古人虽然不懂这个道理，但在实践中认识到雪水和一般水的不同以及雪水有利于作物生长，已经是难能可贵的了。《氾胜之书》还谈到，种麦遇天旱可在半夜用醋和蚕屎，薄薄地浸拌麦种，清早播种，可使麦种耐旱耐寒。

《齐民要术》介绍了桃和梨的"含肉"埋种法。即在秋天果实成熟时，将桃或梨连肉带核一起埋在加粪的土中，第二年春出苗后，再行移植。这是利用冬季自然低温影响种子，使之增强抗寒力和早苗、早熟，又免去分离、消毒、干燥、保藏的繁琐程序。类似的还有瓜子冬种法。对具有坚硬外壳而不易出芽的种子，也要进行特殊处理，如莲子要磨薄上端硬壳，以利吸水出芽，并和以黏土捏成上尖下平的圆锥形泥坨子，投种时即可下水沉泥，端正不偏。

对在市场上购买的种子，有时需要鉴别和测试，我国古代人民也有宝贵的经验。如韭菜子，用火"微煮"，过一会就发芽的是好种子，不发芽的即丧失生命力，这是一种巧妙而科学的快速测试法。麻子，咬破里面有油泽的，含在口里不变色的是好种子。等等。

（3）人力回天的无性繁育技术。人工无性繁育技术在我国古代农业中，尤其是在园艺、花卉、桑树、林木生产中，获得广泛的应用，这不但是促进提早开花结实的有效措施，也是培育良种的重要手段。在这方面最早采取的方法大概是某些块根作物和蔬菜的分根繁殖，但缺乏早期的明确记载。后来分根实际上被作为取得扦插材料的一种手段，可不多谈。这里主要介绍我国传统农业在扦插和嫁接方面的成就。

扦插起源很早，《诗经》中有"折柳樊圃"的诗句，即指把柳枝折断栽插在菜圃周围作樊篱。东汉崔寔（音 shí）的《四民月令》说："正月可以掩树枝"，即把树枝埋入土中，让它生根，明年用以栽植。这是用高枝压条取得扦插材料的方法。《齐民要术》把果木的繁育归纳为种、栽、插 3 种，相当于现在所说的实生苗繁殖、扦插和嫁接。果树结实晚的一般用"栽"。如李树质性坚强，播种 5 年才能结实，扦插的 3 年就可以结实。这是因为扦插材料在母株已经过胚胎和幼年阶段，这种"发育年龄"在发展为新个体以后是继续有效的。如取李树已有两年发育年龄的枝条作栽，栽后3年即可结实。用接穗嫁接能提早结实，也适用同一原理。扦插材料的取得，除切取插条外，还有压条和分根法。如奈和林檎，既可像桑树那样压条取栽，也可以在树旁数尺掘坑，使根的末端露出来，使之萌生出可用的枝条。凡是难以取栽的树，都用这种办法。插条也有个选择的问题。如枣树要"选好味者"，从其根蘖截取插条移栽。柳树则要选择春天长出的新枝条作扦插材料，因为这些枝条"叶青气壮"，生长迅速。在果树栽培中，采用扦插繁育相当广泛。如葡萄在汉代还是用实生苗繁殖，唐代开始改用扦插。番薯引进我国，也是采取育苗扦插繁殖的。

嫁接是在扦插技术基础上出现的人工无性杂交法，其起源不晚于战国。春秋战国时流行"橘逾淮而北为枳"的说法。枳和橘类缘相近而较耐寒。从上述谣谚看，南方的橘农很早就已掌握用枳作砧木、用橘作接穗的嫁接技术，当人们把这样培育出来的橘树从南方移植到北方时，接穗（橘）因气候寒冷而枯萎，而砧木（枳）却能继续存活，北方人不知其所以然，误以为橘化为枳。东汉许慎著的《说文解字》中收有"椄"（音 jiē）字，是专门用以表示树木嫁接的。只有树木嫁接已是习见的事物，才会产生专用的字。以后接字流行，椄字才少用。《氾胜之书》介绍了葫芦靠接（十棵葫芦茎捆在一起，包上泥）结大瓜的经验。《齐民要术》称嫁接为"插"，并详细讨论了梨的嫁接技术，指出嫁接梨的砧木，以棠最好，杜次之，桑最差。用枣或石榴作砧木，十株只能存活一二株，但品质好。这就揭示了砧木与接穗亲缘远近对嫁接成活率与亲和力的影响。接穗则应选择优良梨种向阳处的枝条。用近根的小枝条作接穗，树形好看但要 5 年才能结实；用像斑鸠脚的老枝条作接穗，树形难看，但 3 年即可结实。对嫁接的具体方法也有细致的说明。这可以说是世界上最早的对嫁接方法较为完整的科学记载。

以后嫁接技术继续有所发展。唐韩鄂的《四时纂要》记述了种间嫁接须亲缘相近才易成活的原则。元代《王祯农书》对桑果嫁接技术作了总结。强调"凡接枝条，必择其美"，要选取生长了几年的向阳面枝条；要"根株各从其类"，即要求砧木与接穗亲缘相近。具体操作要细致，方法计有身接、根接、皮接、枝接、靥（音 yè）接、搭接 6 种。又指出嫁接的好处是："一经接博，二气交通，以恶为美，以彼易此，其利有不可胜言者。"嫁接技术被用于花卉盆景的培养，给人们展示了一个奇妙的艺术世界。清陈淏（音 hào）子在《花镜》中说：运用嫁接的方法，"花小者可大，瓣单者可重，色红者可紫，实小者可巨，酸苦者可甜，臭恶者可馥（音 fù），是人力可以回天，唯接换之得其传耳"。

我国古代人民人工无性繁殖的实践在当时世界上是最丰富的。人工无性繁殖比有性繁殖结果快，能保持栽培品种原有特性，又能促进新的变异产生，培育出大量新品种。我国所培育的重瓣花（桃、梅、蔷薇、木香、荼蘼、牡丹、芍药、木芙蓉、山茶等）和无子果实（柿、柑橘、香蕉等）种类繁多，品质优异，引种到世界各处，成为世界的珍品。

（4）非驴非马，亦驴亦马。驯养动物去劣存优的人工选择一向为我国人民所重视。《齐民要术》总结了选择种畜的经验。如母猪要选择嘴短没有软底毛的，因为嘴长的牙多，难育肥，有软底毛的难洗干净。对种羊和种禽的选择，上文已谈到了。

在选留种畜时，我国古代劳动人民很重视牲畜外形的鉴别，适应这种需要产生了相畜学。这是根据家畜家禽外形特征鉴别其优劣的学问。相畜术萌芽不晚于商周，春秋战国时已出现了一批著名的相畜家，如相马的伯乐、九方堙，相牛的宁戚等。汉代也有以相马、相牛立名的。《汉书·艺文志》收录了相六畜的著作。东汉名将马援用骆越铜鼓铸成的铜马式，则是我国第一个良种马鉴别标准模型。西方是在此 1800 年以后，才出现类似的铜制良马模型。《齐民要术》汇集了北魏以前的资料，吸收了牧区的经验，对各类牲畜的相法作了比较全面的总结。在这以后，相畜学继续发展，我国人民在这方面积累的丰富经验，许多至今仍然是适用的。

种内杂交是人类干预动物遗传变异的最常用的方法。西汉政府为了提高军用骑乘马的素质，从西域引入乌孙马、大宛马等良种马。唐代广泛从北部少数民族地区引入各种良种马，每种马都有一定印记，并建立严格的马籍制度。当时的陇右牧场成为牲畜杂交育种的基地。史称唐马"既杂胡种，马乃益壮"。位于今陕西大荔县的沙苑监是当时官营牧场之一，由于这里牧养了各地的羊种，又有丰美的牧草和优质矿泉水，故能培育出皮、毛与肉质俱优的同羊，这种羊至今仍是我国优良的羊种。

我国少数民族还有在动物种间杂交育种成功的实践。如蒙古草原匈奴等游牧民族的先民用马和驴杂交育成了骡，骡是具有耐粗饲、耐劳役、挽力大、抗病力强等优点的重要役畜。《齐民要术》总结了这方面的经验，指出马父驴母所产骡子个头比马大，应选七八岁骨盆大的母驴交配，才能产好骡，并指出了杂交后代——母骡不育的规律。藏族人民用黄牛和牦牛杂交，育成肉、乳、役力均优于双亲的杂交后代——犏牛，时间在6世纪以前。

明代《天工开物》记载了家蚕不同品种间的杂交试验：如把白茧雄蛾和黄茧雌蛾相配，所生的蚕结出褐茧。又指出当时的贫寒百姓家有人用一化性雄蛾（早雄）与二化性雌蛾（晚雌）杂交，培育出新的良种。这种杂交优势的发现和利用，是我国古代蚕业科学的一大成就。

我国人民对金鱼的人工选择也值得一提。金鱼是在人工饲养条件下由金鲫鱼演化而来的，南宋时始见于记载，明弘治年间开始外传，现在已成为遍及全球的观赏鱼。数百年来，我国人民采用去劣留良，隔离饲养，选择相似变异的雌雄个体作交配，使符合人类需要的变异积累起来，育成许多新品种。达尔文曾系统地描述了中国对金鱼人工选择的过程和原理，并指出中国人也将这些原理运用在各种植物和果树方面。

 6 提高农业生物生产能力的其他途径

提高农业生物的生产能力非止育种一途。农业生物个体与群体之间的关系，不同生长部位与生长阶段之间的关系，各种农业生物之间的相互关系，如果处理好了，也会出生产力。我国古代人民在这些方面做出了很好的文章。

（1）抑此促彼，为我所用。农业生物的营养生长与生殖生长之间，各个不同的生产部位和生长时期之间，是相互关联的，巧妙地利用这种关系，就可以按照人类的需要控制它的发展方向，提高它的生产能力。

《氾胜之书》曾推荐秋天锄麦后，拖着棘柴耙耧，把土壅在麦根上的办法，还引用了"子欲富，黄金覆"的农谚。这既有保墒保暖的作用，也是为了抑制小麦的冬前生长。因为人们认识到小麦冬前生长过旺，会影响明春小麦返青后的生长，现在北方农村还有"麦无两旺"的说法。

《齐民要术》中记载有"嫁枣法"：用斧背疏疏落落地敲击树干，使树干韧皮部局部受伤，阻止部分光合作用产生的有机物向下输送，使更多的有机物留在上部供应枝条结果，从而提高产量和质量。林檎（花红）、李树等也用类似方法。现代果树生产中的环制法，就是由此演变而来的。该书又提到分栽后的梨树，冬天叶落以后，贴地割去枝条，用炭火烧头，两年即可结果。这是用抑制营养枝生长点的发育，来促花芽生长。元代《农桑衣食撮要》记载的"骟（音 shàn）树"法，是在根旁掘土，截去主根，促使新根发生，以更新根系，达到"结果肥大"的目的。

《齐民要术》还有枣树的"振狂花法"：在大蚕入蔟的时候，用木棍打击枝条，振落过多的花朵，既可确保坐果率和使果实变大，又可起辅助授粉的作用。这种方法在华北农村一直沿用到今天。明代宋诩在《竹屿山房杂部》中记载了用疏果克服果树大小年。现代果树生产中广泛应用的疏花疏果技术，即是渊源于此。

在我国古代农业生产中，瓜类的摘心掐蔓，棉花的打顶整枝，桑、茶、果树的修剪整形，与此相似，都是利用作物生长各阶段各部位的相互关联，抑此促彼，而为我所用的。

动物生产中也有类似的方法。如宋代文献载有用人工强制换羽控制鹅产卵时间的方法。因为夏天太热，不好抱窝，这时拔去鹅两翅的 12 根翮（音 hé）羽，鹅就停止产蛋，把产蛋期延至 8 月。

我国古代提高畜禽生产能力的另一项特殊成就是阉割术的广泛应用。它起源很早，甲骨文中已有反映阉猪、骟马的象形字。《夏小正》和《周礼》中都有骟马的记载，叫做"攻驹"或"攻特"。东汉许慎的《说文解字》中收有分别表示经过阉割的马（骟，音

chéng)、牛（犗，音 jiè；犍，音 jiàn）、猪（豶，音
fén）、羊（羠，音 yí）、犬（猗，音 yī）的专字。以后
又出现了表示阉鸡术的专称——镦（音 xiàn）。摘取性
腺（包括睾丸和卵巢）后的畜禽，失去了生殖能力，
性情温顺，易于育肥和役使。阉割术既是选择种畜时
汰劣留壮的一种手段，又是提高畜禽生产能力巧妙而
经济的办法。我国一些少数民族也有高超的阉割术，
汉代画像石中就有胡人阉牛的形象。蒙古人则把留作
种马以外的公马全部骗了，这是与选留良种相结合的
措施。

（2）协个体成群体，化无序为有序。作物生长在
大田中并不是孤立的个体，而是形成一个群体。作物
的群体结构如何，是有序还是无序，对产量影响很大。

我们知道，西欧中世纪长期实行撒播，而我国则
很早实行条播。《诗经·生民》说周始祖弃从小好耕
农，庄稼种得"禾役（列）穟穟（音 suì，通达）"，
即禾苗行列整齐而通达，这是当时已实行条播的反映。
我国传统农业重视中耕，外国学者有称中国古代农业
为"中耕农业"的，而我国中耕的历史至迟可以追溯
到商周。普遍的中耕以实行条播为前提，这也说明我
国条播历史的悠久。从撒播发展为条播，是作物群体
结构由无序到有序的关键一步。条播为中耕提供了条
件，而条播和中耕都是在畎亩制的基础上发展起来的。

关于先秦时代畎亩制及其相关技术，以及在这基
础上形成的作物群体结构，在《吕氏春秋》的《任
地》、《辩土》中有系统的总结。据《吕氏春秋》介

绍，当时的庄稼一般种在垄——"亩"上，所以亩要宽平，畎要深窄，下接底墒，上得阳光，庄稼才能生长得好。具体说，亩是基宽6周尺（约140厘米），面宽5周尺，长100周尺的一条长垄，畎是亩间一周尺宽的排水沟。《吕氏春秋》主张行播，反对撒播。亩上种两行庄稼，行宽一尺，行距一尺，亩面两侧各留一尺。播种量要适当，不能太密，也不能太稀。肥地宜密些，瘦地宜稀些。种子间要有一定距离，使幼苗有足够的生长空间，长大后则能相互扶持，以防倒伏。要纵横成行，保证田间通风透光。出苗后还要间去弱苗，使庄稼生长和成熟整齐划一。总之是在畎亩农田基础上通过垄作、适度密植、条播、中耕间苗等措施，建立一个行列整齐、通风透光的作物群体结构。这样一个群体结构，能较合理地利用土地，能较充分地利用阳光，因而能有效提高作物的生产能力。

在我国农业后来的发展中，垄作虽然不是普遍的形式，但条播和中耕始终是农业技术的基本环节之一。等距、密植、全苗也是播种的基本要求。因此，作物群体结构的有序化，始终是我国传统农艺的特点之一。

大田作物的群体结构有时还包含不同种类的作物，这将在下节一并介绍。

（3）巧因物情，化害为利。在农业生态系统中，各种生物不是彼此孤立的，而是相互依存和相互制约的，人们对这种关系巧妙地加以利用，也可以使它向有利于人类的方向发展，从总体提高农业生物的生产能力。

我国在种植业方面所创造的丰富多彩的轮作倒茬、

间套混作方式，就是建立在对作物种间互抑或互利关系的深刻认识上，并从而顺应物情，趋利避害。现代植物学研究表明，植物在其周围形成特有的生化介质，对一些植物有良好影响，对另一些植物则起不利作用。例如《齐民要术》提醒人们千万不要在大豆地间作大麻，但大麻地可以间作芜菁，就是对作物种间这种关系的认识和利用。古人巧妙利用作物种间互助互济的例子很多。如贾思勰提倡采用槐树籽和大麻籽混播法来培育用作行道树的槐树苗，这是利用植物的趋光性。大麻生长快，麻秆直立，这就迫使槐树苗也直立生长，争夺阳光，从而培育出"亭亭条直，千百若一"的树苗。楮（音 chǔ）树籽和大麻籽混播，则是为了冬天利用大麻植株为楮树苗保暖。甜瓜种子小，顶土力弱，《齐民要术》提供的办法是四颗瓜子和三颗大豆同播一穴中，依靠大豆顶土力强帮助甜瓜子叶破土而出，待瓜苗长出几片真叶时再掐断豆苗，以免豆苗遮阴；瓜苗附近的土壤又可得到豆苗断口处流出的汁液（伤流液）的滋润。宋代陈旉推荐桑树下种苎麻，桑根深，苎根浅，两不相妨，而且给苎麻施肥时，桑亦得益。西晋杨泉《物理论》说芝麻有抑制草木的特性，后世用它作开荒地的先锋作物。芝麻茎叶的苦味使牲畜不敢吃它，人们又可把它种在大田四周，以防牲畜践踏庄稼。

在畜牧业方面，利用人类不能直接食用的作物秸秆糠秕饲畜，畜产品除供人类食用外，其粪溺皮毛骨羽用于肥田，还利用畜力耕作，这已是基于农牧互养关系的多层次的循环利用，虽然是属于比较低级的形式。我们上面已经介绍过的堤塘生产方式的立体农业雏形，农、桑、畜、鱼的循环互养，内容就丰富多了。稻田养鱼，鱼吃杂草，鱼屎肥田，鱼稻两利，亦属此列。在池塘养鱼中，我国古代普遍实行草鱼、鲢鱼等鱼类混养，古人指出混养的好处是："草鱼食草，鲢则食草鱼之矢（屎），鲢食矢而近其尾，则草鱼畏痒而游，草鱼游，鲢又随觅之。凡鱼游则尾动，定则否，故鲢草两相逐而易肥。"这是对某些鱼类共生优势的利用。

生物间的互抑也可以化害为利，使之造福于人。人们利用桑树最初是采吃桑椹，这时专以桑叶为食的蚕真是为害不浅，但当人们转而利用蚕茧缫丝后，它就由残桑的害虫转化为"功被天下"的益虫了。水獭是鱼类天敌，人工鱼池的祸害，但当人们饲养它来捕鱼时，它就转化为人类的助手了。鱼鹰捕鱼也属此列。我国人民对自然界各种生物之间相互制约现象的认识是很早的。例如上古时人们把猫和虎作为大蜡礼中报祭的对象之一，因为他们知道猫和虎能捕食农田中的兽害——田鼠和田豕。这种经验的发展，产生了我国传统农业中颇有特色的生物防治技术。西晋人嵇含所著《南方草木状》中记载我国南方地区有人饲养并出售黄猄（音 jīng）蚁，用以防治柑橘树的害虫，被外国学者称誉为世界上生物防治的最早事例。我国古代保护益鸟、养鸭治蝗和养鸭治稻田蟛蜞（音 péng qí，螃蟹类，体小，生长在水中，是稻田中害虫）等，都是利用生物间的互抑关系来为农业生产服务的。

以"三才"理论为核心的农学思想

中国传统农学并不等同于中国传统农业技术，它大体由三个部分组成：一、从具体的农业技术中提炼出来的某些原理、原则；二、作为农业技术基础的农业土壤学、农业气象学和农业生物学；三、作为这些技术与学科的指导思想的、富含哲理性的农学理论，或称农学思想。

中国传统农学的核心和总纲是"三才"理论，中国古农书无不以"三才"理论为其立论的依据。

"三才"指天、地、人或天道、地道、人道，该词最初出现于《易传》中。人们认为林林总总的大千世界是由天、地、人三大要素构成的，并把世间一切事物都放到这样一个大框架中去考察。对农业生产中"三才"理论的明确表述，始见于《吕氏春秋·审时》篇："夫稼，为之者人也，生之者地也，养之者天也。""稼"指农作物，扩大一些，也不妨理解为农业生物，这是农业生产的对象。"天"和"地"，在这里并非有意志的人格神，而是指自然界的气候和土壤、地形等，属农业生产的环境因素。而人则是农业生产的主体。因此，上述引文是农业生产中农作物（或农业生物）与自然环境和人类劳动之间关系的朴素概括，它把农业生产看作稼、天、地、人诸因素组成的整体。我们知道，农业是以农作物、畜禽等的生长、发育、成熟、繁衍的过程为基础的，这是自然再生产，但这一过程又是在人的劳动干预下，按照人的预定目标进行的，因而它又是经济再生产。农业就是自然再生产和经济再生产的统一。作为自然再生产，农业生产离不开它周围的自然环境；作为经济再生产，农业生产又离不开作为农业生产主导者的人。农业是农业生物、自然环境和人构成的相互依存、相互制约的生态系统和经济系统，这就是农业的本质。《吕氏春秋·审时》的上述概括是接触到了农业的这一本质的。

"三才"理论把农业生产看作各种因素相互联系的动的整体，它所包含的农业生产的整体观、联系观、动态观，贯穿于我国传统农业生产技术的各个方面。我们介绍传统农业技术时已经谈到有关的内容，这里再作一些补充。

关于"天""地"的本质及其与"稼"的关系，清代的《知本提纲》说：太阳循黄道一年一周地运行（实际上是地球绕太阳公转），使大地都获得阳光雨露，作为农业生物赖以生长的载体的地，本是水土合成的阴体，必须有日阳（用现在的话说，就是太阳能）的来临，才能阴阳相济，均调和平，化生万物，从而生产出人类所需要的衣食。作者把这称为"天时地利之大本"。这些论述是以阴阳学说的面目出现的，缺乏现代科学的精确根据，但确已接触到"天时"、"地利"的本质。所以，传统农学在谈天地对稼的作用时，总是把天时放在第一位，把地利放在第二位。天时和地利是相互影响的。一般而言，天气的变化制约着地脉的变化，但在确定农时时，也必须注意地宜。如《氾胜之书》说：种禾没有刻板的日期，要根据不同的土地确定农时（"种禾无期，因地为时"）。《齐民要术》概括了"良田宜种晚，薄田宜种早"的规律。至于以天象、节气、物候、农事为四大要素的指时系统，把土壤看作可以变化的活机体的土脉论，在这里就不再重复了。

在"三才"理论体系中，人不是以自然的主宰者身份出现的，他是自然过程的参与者，人和自然不是对抗的关系，而是要求协调和和谐。荀子曾指出：人不能代替天的功能，只能与之配合，即所谓"参"。"天有其时，地有其财，人有其治"，相互配合，这就叫"参"。我国早在先秦时代已产生保护自然资源的思想。周代还规定了若干保护山林川泽自然资源禁令，如只准许在一定时期内在山林川泽樵采渔猎，禁止在野生动植物孕育萌发和幼小时采猎，禁止竭泽而渔、焚林而狩等。总之，各项生产要顺应自然规律，遵守一定的时令，与自然界取得协调，这样粮食鱼鳖吃不完，林木也用不完。农业中的"三才"理论，自先秦以来把人的因素归结为"力"，即生产劳动。但人类的农业劳动要建立在对"天"、"地"等客观条件认识的基础之上。农业生物在自然环境中生长，有其客观规律性，人类可以干预这一过程，使它符合自己的目标，但不能凌驾于自然界之上，违反客观规律。贾思勰说：

"顺天时，量地利，则用力少而成功多，任情返道，劳而无获"，说的就是这个意思。因此，中国传统农业总是强调因时、因地、因物制宜，即所谓"三宜"，把这看作是一切农业举措必须遵循的原则。但人在客观规律面前并非无能为力，人们认识了客观规律，就有了主动权，可以"盗天地之时利"（陈旉语），可以人定胜天。明代马一龙说："知时为上，知土次之。知其所宜，用其不可弃；知其所宜，避其不可为，力足以胜天矣。知不逾力，劳而无功。"这段话说明，人力是可以胜天（指自然）的，但这是以认识天时地利的规律为前提，并按这规律办事，趋利避害，才能达到目的。它又说明，在农业生产中光靠力气还不行，要依靠知识、依靠科学。这就把人的因素扩大为"知"和"力"两个方面，而把"知"放在首位。这是对"三才"理论的新发展。因此，农业中天、地、人这三要素，当人们着眼于自然再生产时，自然把"天"放在第一位；但当人们转而考察经济再生产时，又总是不约而同地强调"人"的首要作用。以"三才"理论为重要指导思想的精耕细作，其基本要求是在遵守客观规律的基础上充分发挥人的主观能动性，利用自然条件的有利方面，克服其不利方面，以争取高产。精耕细作重视人的劳动（"力"），更重视对自然规律的认识（"知"）。

从"三才"理论派生出来的"三宜"原则，也有一个形成发展的过程。人们首先注意的是时宜，次为地宜，先秦时代均已有明确的认识。但当时人们虽然已区别不同的品种和认识到良种的增产作用，虽然对不同作物的特性有所了解，但"物宜"的概念尚处于萌芽状态。《吕氏春秋》中《任地》、《辩土》、《审时》诸篇主要讲土壤耕作和农时掌握，只有作物栽培总论而无作物栽培分论。到了秦汉魏晋南北朝，人们总结了良种繁育和种子处理的原则与方法，大量记述了各种作物的特性和相应的耕作栽培措施，从而形成了作物栽培的分论（《氾胜之书》、《齐民要术》），对各种农业生物自身及其与周围环境的关系的研究逐步深入。在这基础上，明代马一龙第一次把"物性之宜"和"天时、地脉"之宜并列，这就是所谓"三宜"。清代杨屾把它应用到施肥理论中去。晚清张标的《农丹》也说："天有时、地有气、物有情，悉以人事司其柄。""物宜"概念的提出，说明在天、地、人、稼的农业系统中，"稼"的特点进一步受到人们的重视，也从一个侧面反映了生物技术措施的发展。

我国传统农业对农业生物的认识，往往着重外部特征、生产性能，以及它和周围环境和其他生物的关系。以大豆为例，古人很早就注意到大豆有根瘤的特点，并在造字中把这一特点反映出来。《氾胜之书》指出"豆有膏"，即是指根瘤中含有肥分，因而中耕要从简，以防伤根（"不可尽治"）。由于"豆有膏"，所以不要求种在肥美的熟地上，又可用它和禾谷类轮作，以发挥其肥田作用。人们又发现"豆性强"（吸水多、顶土力强等），故须深种；不掉粒（"性不零落"），故可晚收（见《齐民要术》）。我国古代人民对农业生物的观察还有一个重要特点是由表观里、由此及彼。例如贾思勰在论述作物品种时指出：禾谷类作物的矮秆品种高产早熟，但往往品质欠佳；高秆品种低产晚熟，但往往品质优良。这里说的是作物植株外部形态与产量质量的关系，其观察之敏锐和正确，使现代育种家为之惊叹。中华人民共和国成立以来，我国水稻产量的提高，在相当程度上得力于一批水稻矮秆高产良种。现在，小麦矮秆高产良种的推广将继续为小麦的增产开辟广阔的前景，而矮秆品种产量与质量的矛盾，至今仍是育种工作者需要努力解决的问题。相畜术也是从畜禽外部形态推断其内部品质的。我国现存最古的中兽医学专著，李石的《司牧安骥集》说：善于相马的人，掉换一下缰绳的工夫就能指出哪些马是好马，"自非由外以知内，粗以及精，又安能始于形器之近，终遂臻于天机之妙哉！"这与中医以望闻问切，知腑脏病变，有异曲同工之妙，都反映了中国人特有的整体观的思维方式。正由于人们注意到生物体的这一部位与那一部位之间，这一生育阶段与那一生育阶段之间的关联，才能广泛加以利用，成为提高农业生产力的重要途径。

早在先秦时代，人们就认识到在一定的土壤气候条件下，有相应的一定的植被和生物群落，而每种农业生物都有它所适宜的环境。"橘逾淮而北为枳"这就是中国古代的风土论。这种看法是有道理的，但不能把它固定化和绝对化。因为农业生物本身也是可变的，是在不断发展的。农业生物既有遗传性又有变异性，我国古代人民对此早有认识，并利用可遗传的变异培育出各种各样的新品种。宋代刘蒙在《菊谱》中指出，今日菊花品种比古代丰富得多，这是由于人们"岁取其变以为新"的结果。现在花的变异层出不穷，等待着"好事者"去创造新的品种。其实各种农业生物都有相似情形。众多新品种的出现，自然使它所适应的环境条件的范围宽广得多了。作物引种到新的环境会发生变异，有时也能适应新的环境，形成新的特性。贾思勰谈到四川的花椒引种到山东青州，由于它不耐寒，生长在向阳地方的树冬天必须用草裹，否则冻死；但生长在比较向阴地方的树，从小受到寒冷的锻炼，却不用裹。这就是所谓"习以性成"，即逐步习惯于改变了的环境，形成新的特性。元代，政府在中原推广棉花和苎麻，有人以风土不宜为由加以反对。《农桑辑要》的作者在书中专篇予以批驳。文中举出我国历史上引种成功的事例，说明在人的干预下，能够改变农业生物的习性，使之适应新的环境，从而突破原有的风土限制。明代徐光启进一步发挥了这种思想，指出土地所宜不是固定不变的。有的作物引种失败，往往是栽培不得法所致。采用选种的方法，可使外来品种逐步适应本地环境。这种有风土论而不唯风土论，是人们在长期驯化、引种和育种的实践中积累了丰富经验而做的理论新概括。

在"三才"理论的整体观的指导下，人们看到了农业生态系统内部各种生物之间的相互关联，并加以利用。关于这个问题，我们在上一章已举出了一些例子。如间套作和轮作复种就是利用作物种间互抑或互利关系，组成合理的作物群体结构和序列。南宋陈旉指出：只要充分利用天时地利，加以合理安排，可以做到各种作物"相继以生成，相资以利用，种无虚日，收无虚月"。这里的"相继以生成"，指轮作复种，"相资以利用"则包含了利用农业生物间互利互养的意思在内，这在我国农学史的发展上，是一个崭新的命题。

事实上，农业生态系统内部包括人在内的各种生物，不但互相关联，而且形成物质与能量循环的某种食物链。农业的基础是，靠地面上的绿色植物通过光合作用直接利用太阳能制造人类所需要的有机物。一切生物的食物链最后一环无不是绿色植物。动物以植物为食，人以动植物为食。但人畜对其食物中的能量并不能完全加以利用，在其排泄物和废弃物中包含着可以参加再循环、再利用的能量，让它们回到土壤，经微生物的分解，就能变成绿色植物生长的营养物质。我国传统农业很重视农业系统中废弃物质的再利用。王祯说："夫扫除之秽，腐朽之物，人视而轻忽，田得而膏泽，唯务本者（从事农业的人）知之，所谓惜粪如惜金也。故能变恶为美，种少收多。"清代杨屾的《知本提纲》中进一步把这种关系归纳为"余气相培"。这是对农业生态系统中物质循环和能量转化及其作用的一种朴素的表述方式。我国古代农业创造的一些多品种、多层次的主体生产方式，正是这种思想的体现。

英国著名中国科技史专家李约瑟认为，中国的科学技术观是一种有机统一的自然观，这大概没有比在中国古代农业科技中表现得更为典型的了。"三才"理论正是这种思维方式的结晶。这种理论，与其说是从中国古代哲学思想中移植到农业生产中来的，毋宁说是长期农业生产实践经验的升华。它是在我国古代农业实践中产生，并随着农业实践向前发展的。

参考书目

1. 梁家勉主编《中国农业科学技术史稿》，农业出版社，1989。

2. 李根蟠：《中国农业史上的多元交汇》，《中国经济史研究》1993 年第 1 期。

《中国史话》总目录

系列名	序号	书　名	作　者
物质文明系列（10种）	1	农业科技史话	李根蟠
	2	水利史话	郭松义
	3	蚕桑丝绸史话	刘克祥
	4	棉麻纺织史话	刘克祥
	5	火器史话	王育成
	6	造纸史话	张大伟　曹江红
	7	印刷史话	罗仲辉
	8	矿冶史话	唐际根
	9	医学史话	朱建平　黄　健
	10	计量史话	关增建
物化历史系列（28种）	11	长江史话	卫家雄　华林甫
	12	黄河史话	辛德勇
	13	运河史话	付崇兰
	14	长城史话	叶小燕
	15	城市史话	付崇兰
	16	七大古都史话	李遇春　陈良伟
	17	民居建筑史话	白云翔
	18	宫殿建筑史话	杨鸿勋
	19	故宫史话	姜舜源
	20	园林史话	杨鸿勋
	21	圆明园史话	吴伯娅
	22	石窟寺史话	常　青
	23	古塔史话	刘祚臣

系列名	序号	书名	作者	
物化历史系列（28种）	24	寺观史话	陈可畏	
	25	陵寝史话	刘庆柱	李毓芳
	26	敦煌史话	杨宝玉	
	27	孔庙史话	曲英杰	
	28	甲骨文史话	张利军	
	29	金文史话	杜勇	周宝宏
	30	石器史话	李宗山	
	31	石刻史话	赵超	
	32	古玉史话	卢兆荫	
	33	青铜器史话	曹淑琴	殷玮璋
	34	简牍史话	王子今	赵宠亮
	35	陶瓷史话	谢端琚	马文宽
	36	玻璃器史话	安家瑶	
	37	家具史话	李宗山	
	38	文房四宝史话	李雪梅	安久亮
制度、名物与史事沿革系列（20种）	39	中国早期国家史话	王和	
	40	中华民族史话	陈琳国	陈群
	41	官制史话	谢保成	
	42	宰相史话	刘晖春	
	43	监察史话	王正	
	44	科举史话	李尚英	
	45	状元史话	宋元强	
	46	学校史话	樊克政	
	47	书院史话	樊克政	
	48	赋役制度史话	徐东升	
	49	军制史话	刘昭祥	王晓卫

系列名	序号	书 名	作 者
制度、名物与史事沿革系列（20种）	50	兵器史话	杨 毅 杨 泓
	51	名战史话	黄朴民
	52	屯田史话	张印栋
	53	商业史话	吴 慧
	54	货币史话	刘精诚 李祖德
	55	宫廷政治史话	任士英
	56	变法史话	王子今
	57	和亲史话	宋 超
	58	海疆开发史话	安 京
交通与交流系列（13种）	59	丝绸之路史话	孟凡人
	60	海上丝路史话	杜 瑜
	61	漕运史话	江太新 苏金玉
	62	驿道史话	王子今
	63	旅行史话	黄石林
	64	航海史话	王 杰 李宝民 王 莉
	65	交通工具史话	郑若葵
	66	中西交流史话	张国刚
	67	满汉文化交流史话	定宜庄
	68	汉藏文化交流史话	刘 忠
	69	蒙藏文化交流史话	丁守璞 杨恩洪
	70	中日文化交流史话	冯佐哲
	71	中国阿拉伯文化交流史话	宋 岘

系列名	序号	书名	作者
思想学术系列（21种）	72	文明起源史话	杜金鹏　焦天龙
	73	汉字史话	郭小武
	74	天文学史话	冯　时
	75	地理学史话	杜　瑜
	76	儒家史话	孙开泰
	77	法家史话	孙开泰
	78	兵家史话	王晓卫
	79	玄学史话	张齐明
	80	道教史话	王　卡
	81	佛教史话	魏道儒
	82	中国基督教史话	王美秀
	83	民间信仰史话	侯　杰　王小蕾
	84	训诂学史话	周信炎
	85	帛书史话	陈松长
	86	四书五经史话	黄鸿春
	87	史学史话	谢保成
	88	哲学史话	谷　方
	89	方志史话	卫家雄
	90	考古学史话	朱乃诚
	91	物理学史话	王　冰
	92	地图史话	朱玲玲
文学艺术系列（8种）	93	书法史话	朱守道
	94	绘画史话	李福顺
	95	诗歌史话	陶文鹏
	96	散文史话	郑永晓
	97	音韵史话	张惠英
	98	戏曲史话	王卫民
	99	小说史话	周中明　吴家荣
	100	杂技史话	崔乐泉

系列名	序号	书名	作者
社会风俗系列（13种）	101	宗族史话	冯尔康　阎爱民
	102	家庭史话	张国刚
	103	婚姻史话	张　涛　项永琴
	104	礼俗史话	王贵民
	105	节俗史话	韩养民　郭兴文
	106	饮食史话	王仁湘
	107	饮茶史话	王仁湘　杨焕新
	108	饮酒史话	袁立泽
	109	服饰史话	赵连赏
	110	体育史话	崔乐泉
	111	养生史话	罗时铭
	112	收藏史话	李雪梅
	113	丧葬史话	张捷夫
近代政治史系列（28种）	114	鸦片战争史话	朱谐汉
	115	太平天国史话	张远鹏
	116	洋务运动史话	丁贤俊
	117	甲午战争史话	寇　伟
	118	戊戌维新运动史话	刘悦斌
	119	义和团史话	卞修跃
	120	辛亥革命史话	张海鹏　邓红洲
	121	五四运动史话	常丕军
	122	北洋政府史话	潘　荣　魏又行
	123	国民政府史话	郑则民
	124	十年内战史话	贾　维
	125	中华苏维埃史话	杨丽琼　刘　强
	126	西安事变史话	李义彬
	127	抗日战争史话	荣维木

系列名	序号	书　名	作　者	
近代政治史系列（28种）	128	陕甘宁边区政府史话	刘东社	刘全娥
	129	解放战争史话	朱宗震	汪朝光
	130	革命根据地史话	马洪武	王明生
	131	中国人民解放军史话	荣维木	
	132	宪政史话	徐辉琪	付建成
	133	工人运动史话	唐玉良	高爱娣
	134	农民运动史话	方之光	龚　云
	135	青年运动史话	郭贵儒	
	136	妇女运动史话	刘　红	刘光永
	137	土地改革史话	董志凯	陈廷煊
	138	买办史话	潘君祥	顾柏荣
	139	四大家族史话	江绍贞	
	140	汪伪政权史话	闻少华	
	141	伪满洲国史话	齐福霖	
近代经济生活系列（17种）	142	人口史话	姜　涛	
	143	禁烟史话	王宏斌	
	144	海关史话	陈霞飞	蔡渭洲
	145	铁路史话	龚　云	
	146	矿业史话	纪　辛	
	147	航运史话	张后铨	
	148	邮政史话	修晓波	
	149	金融史话	陈争平	
	150	通货膨胀史话	郑起东	
	151	外债史话	陈争平	
	152	商会史话	虞和平	
	153	农业改进史话	章　楷	
	154	民族工业发展史话	徐建生	
	155	灾荒史话	刘仰东	夏明方
	156	流民史话	池子华	
	157	秘密社会史话	刘才赋	
	158	旗人史话	刘小萌	

系列名	序 号	书 名	作 者
近代中外关系系列（13种）	159	西洋器物传入中国史话	隋元芬
	160	中外不平等条约史话	李育民
	161	开埠史话	杜 语
	162	教案史话	夏春涛
	163	中英关系史话	孙 庆
	164	中法关系史话	葛夫平
	165	中德关系史话	杜继东
	166	中日关系史话	王建朗
	167	中美关系史话	陶文钊
	168	中俄关系史话	薛衔天
	169	中苏关系史话	黄纪莲
	170	华侨史话	陈 民　任贵祥
	171	华工史话	董丛林
近代精神文化系列（18种）	172	政治思想史话	朱志敏
	173	伦理道德史话	马 勇
	174	启蒙思潮史话	彭平一
	175	三民主义史话	贺 渊
	176	社会主义思潮史话	张 武　张艳国　喻承久
	177	无政府主义思潮史话	汤庭芬
	178	教育史话	朱从兵
	179	大学史话	金以林
	180	留学史话	刘志强　张学继
	181	法制史话	李 力
	182	报刊史话	李仲明
	183	出版史话	刘俐娜

系列名	序号	书名	作者
近代精神文化系列（18种）	184	科学技术史话	姜 超
	185	翻译史话	王晓丹
	186	美术史话	龚产兴
	187	音乐史话	梁茂春
	188	电影史话	孙立峰
	189	话剧史话	梁淑安
近代区域文化系列（一种）	190	北京史话	果鸿孝
	191	上海史话	马学强　宋钻友
	192	天津史话	罗澍伟
	193	广州史话	张 苹　张 磊
	194	武汉史话	皮明庥　郑自来
	195	重庆史话	隗瀛涛　沈松平
	196	新疆史话	王建民
	197	西藏史话	徐志民
	198	香港史话	刘蜀永
	199	澳门史话	邓开颂　陆晓敏　杨仁飞
	200	台湾史话	程朝云

《中国史话》主要编辑
出版发行人

总 策 划	谢寿光	王　正	
执行策划	杨　群	徐思彦	宋月华
	梁艳玲	刘晖春	张国春
统　　筹	黄　丹	宋淑洁	
设计总监	孙元明		
市场推广	蔡继辉	刘德顺	李丽丽
责任印制	岳　阳